Invitation ~鉄塔ワールドへの誘

Awakening 目覚め

Beauty & Harmony

美・調和

Powerful 迫力

Continuity 連なり

Healing 癒やし

Discovery
～知られざる鉄塔　発見の旅へ～

送電鉄塔 ガイドブック

送電鉄塔研究会［著］

Ohmsha

“送電魂”を伝えます

　私たちは送電鉄塔の保守や工事の関係でお客さまを訪問し、鉄塔の話をさせていただく機会が多々あります。鉄塔の話を始めると「あー、そこの鉄塔ね！」と電柱に向かって指示されるお客さまも多くいらっしゃいます。その度に「やはり電柱の方がメジャーな存在なのか…」と何とも言えない嫉妬心を抱いてしまうのは、これまで長年送電鉄塔とともに寄り添い歩んできた“送電魂”によるものなのかもしれません。

　日常の生活に欠かせない電気が、どのような経路で、どんな設備を経由して家庭まで送られていくのかについて、身近にある電柱は見慣れていますが、鉄塔については、多くの皆さまは身近に見る機会が少ないのではないかと思います。思い返してみれば、私たちが育った故郷にも鉄塔がありました。しかし、電柱に比べ、鉄塔は圧倒的に数が少なく、山間地や水田を通過している場合が多いことから、完全に風景に溶け込んでしまい、この仕事に携わるまでは、“鉄塔”を意識していなかったことに気づかされました。今では職業柄、送電鉄塔を見かけると、鉄塔形状、鉄塔部材サイズ、碍子種類・個数、電線サイズ、架線金具などが気になってしまい、何よりもそれらに目がいってしまっている状況です。

　そんな私たちが、もっと多くの方に、この送電鉄塔の世界を知っていただきたく、東京電力パワーグリッド（株）送電鉄塔研究会として、これまで掲載が難しかった図や写真をできるだけ豊富に使用して分かりやすく解説し、まとめることにしました。

　本書を通して“送電魂”を感じていただくとともに、1人でも多くの方に送電鉄塔のファンになっていただけると幸いです。

送電鉄塔研究会

◎ 本書で紹介している送電鉄塔は、東京電力パワーグリッド（株）管内で使用している設備です。電力会社によって仕様が異なります。

◎ 送電線には高電圧の電気が通っているため、接近するだけで感電することがあります。送電線や鉄塔に近づき過ぎないようお願いいたします。

Gravure caption
グラビアページ
写真キャプション

グラビア撮影：
齋藤 全弘

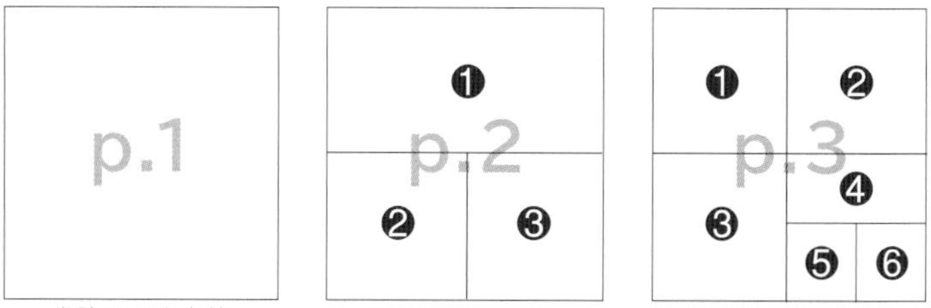

p.1
常陸那珂火力線

p.2
❶ 鹿島海浜線
❷ 新古河線　❸ 新栃木線

p.3
❶ 香取線・鹿島線
❷ 香取線と併走送電線
❸ 芝川線　❹ 野中旧線
❺ 生品線　❻ 春日部線

CONTENTS

TRANSMISSION TOWER GUIDEBOOK

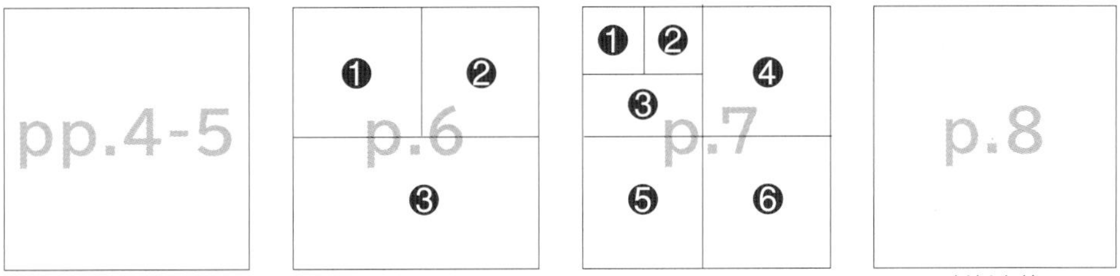

栃山線

❶ 常陸那珂火力線
❷ 筑南線
❸ 新いわき線・南いわき幹線

❶ 栃那線　❷ 常陸太田線
❸ 鹿島線　❹ 鹿島火力線ほか
❺ 中栃木線ほか　❻ 新栃木線

新栃木線

結界クイズ ＜表紙カバーウラ面＞の 答え

いくつ分かった？

1

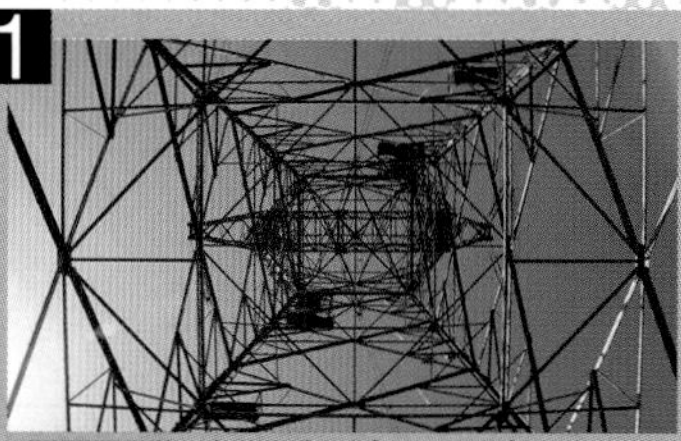

500kV 安曇幹線2号線 No.1

所在地：長野県東筑摩郡朝日村

東京電力パワーグリッドの中でも代表格的な存在の烏帽子形鉄塔。その形状からネコや鬼など多くのニックネームを持ちます。

2

500kV 西上武幹線 No.161（下回線は275kV 児玉線）

所在地：埼玉県本庄市

横断する既存の500kV送電線を500kVが上越しし、275kVの送電線がその下をくぐる構造の鉄塔で、140mもの高さを誇ります。

3

500kV 西上武幹線 No.172

所在地：埼玉県大里郡寄居町

脚を3本とした実例の少ない三角鉄塔。埼玉県内ではこの1基が唯一の三角鉄塔で、結界が今までにない大変ユニークな構造に見えます。

4

154kV 大町線 No.33

所在地：長野県大町市

北アルプスの豊富な水源を利用した発電所の発生電力を送るべく、1924年に建設された歴史ある鉄塔。碍子装置はセミストレーン碍子装置（半耐張装置）を採用しています。

5

154kV 京北線 No.90

所在地：埼玉県さいたま市桜区

河川敷および公園内に建つ、ライトブルーの塗装を施し、ラーメン基礎を採用した鉄塔。鉄塔敷地は一般開放され、結界を安易に見ることができます。

6

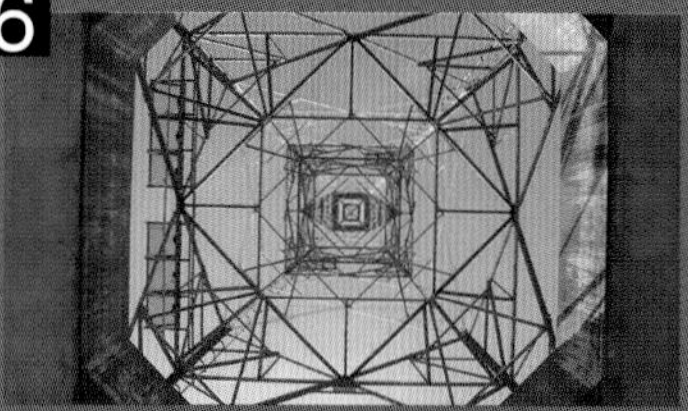

154kV 京北線 No.93

所在地：埼玉県さいたま市南区

河川敷と公園内に建つ、昼間障害標識（紅白塗色）を施し、ソーラーパネル式の航空障害灯、ラーメン基礎を採用した鉄塔。鉄塔敷地はNo.90と同様に開放され、小説『君と夏が、鉄塔の上』にも登場しています。

7

154kV 片山線 No.9
所在地：埼玉県新座市

もともとは別々の送電線を交差させるだけの鉄塔でしたが、系統変更工事により上半分を分岐する形状へ大規模な改造を施した鉄塔になりました。小説および映画化された『鉄塔 武蔵野線』に登場しました。

8

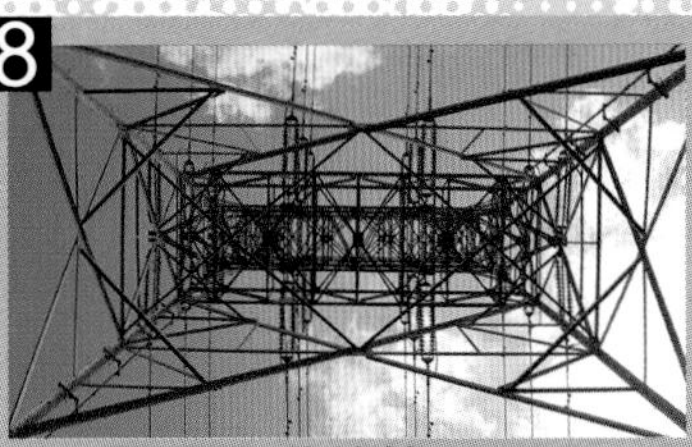

154kV 北鳩線 No.11
所在地：埼玉県南埼玉郡宮代町

奥に見える275kV紅白鉄塔の送電線を下くぐりするため、鉄塔の高さは制限されつつ、できるだけ電線の地上高さを確保するために設計された矩形鉄塔です。

9

154kV 横浜火力南線 No.7
所在地：神奈川県横浜市港北区

電線の下が遊歩道になっており、鉄塔敷地もその一部になっています。柵はあるものの、結界の中央を通り抜けることができる、あまり例のない鉄塔です。

10

66kV 芝川線 No.39
所在地：埼玉県さいたま市緑区

公園内に建ち、ライトグリーンの塗装を施し、電線路を直角に曲げ、脚を大きく広げた拡大根開きで、ラーメン基礎を採用した鉄塔。鉄塔敷地は開放され、他の鉄塔とは一風変わった結界を見ることができます。

11

66kV 水野線 No.2
所在地：埼玉県狭山市

見かけることが少ない8回線鋼管矩形鉄塔。大口径の鋼管とH形鋼のアームを採用し、重量感と存在感に圧倒されます。この鉄塔は 252 t もの重量を有しています。

12

66kV 芳野台線 No.18
所在地：埼玉県川越市

シンプルな構造を基本とした都市型鉄塔。他の一般的な鉄塔と比べて部材が少ないですが、アイボリーの塗色が印象に残ります。

著　者

東京電力パワーグリッド（株）　送電鉄塔研究会

白石　智規 ● 萩原　健利 ● 田辺　孝和 ● 土田　陽一
島根　和明 ● 齋藤　全弘

協　力

(一社)送電線建設技術研究会 関東支部 ● (一社)日本鉄塔協会
東電設計（株） ● 東京電設サービス（株） ● 新日本ヘリコプター（株）
（株）タワーライン・ソリューション ● 岳南建設（株） ● 日本リーテック（株）
東光電気工事（株） ● 光陽エンジニアリング（株） ● 電力機材サービス（株）
（株）安田製作所 ● （株）エステー ● 日立建機日本（株）
（株）デンロコーポレーション ● 那須電機鉄工（株） ● （株）巴コーポレーション
住友電気工業（株） ● 北日本電線（株） ● （株）FEN ● TDM（株）
日本カタン（株） ● 三和テッキ（株） ● 古河電工パワーシステムズ（株）
日本ガイシ（株） ● 三信計測工業（株） ● 平野 雅章

No.1

送電鉄塔 はじめて物語

No.1 | 送電鉄塔 はじめて物語

送電鉄塔は、発電所でつくられた電気を皆さまの所まで送る送電線（電線）を支持するための構造物です。この本を手にされた方は、送電鉄塔に多少なりとも興味がある方だと思いますが、身近な存在にもかかわらず、ほとんどの方が気にとめていないのではないでしょうか。送電鉄塔は、日常生活で使う電気を安全に送るために重要な役割を背負っている設備なのです。

電気のエネルギー（電力）を長い距離、送る場合に問題になるのが「送電ロス」です。電線の中を電流が流れると熱が発生します。せっかく発電所でつくった電気の一部が、皆さまの所に届く前に熱として失われてしまうのです。電線での発熱（送電ロス）は、電線の抵抗と電流の2乗に比例します。電力は、電圧と電流のかけ算で表されます。このため、同じ電力をできるだけ送電ロスなく送るためには、電圧をできるだけ高くして電流を小さくする必要があります。このため、長距離の送電線ほど高い電圧で設計されています。

送電線で使用される電圧は、特別に高いため特別高圧と呼ばれています。鉄塔など電力設備の設計基準は、国で定めた法令に基づき設計されます。この基本となるものが、「電気設備技術基準」（以下：電技）です。現在の電技では、7,000 V（7kV）を超える電圧を特別高圧として定義しています。現在の電技と記載したのは、1949（昭和24）年の電技改正前までは、3,500 V（3.5kV）を超える電圧が特別高圧と定義されていたからです。技術の進歩や災害経験などを通じて設備基準も更新されるのです。送電設備に使用される鉄塔の構造や設計も常に進化してきました。

送電線で使用される電線は、被《ひ》覆《ふく》がない裸電線が使用されています。このため、電圧が高くなればなるほど安全のために鉄塔の高さは高く、電線と鉄塔の間や電線同士の間の距離を大きくする必要があります。このように鉄塔の高さや形状とその電圧は、とても深い関係があります。現在、国内の送電線の最大設計電圧は1,000kVです。普段、皆さまがよく目にする鉄塔は、66kVや154kVの電圧のものが多いと思います。

電気事業創設～戦中まで

電気事業の創設

電気事業は、1881（明治14）年にエジソンが電灯会社を設立し、1882（明治15）年に電気供給を行ったのが始まりと言われています。日本では1883（明治16）年に日本初の電灯会社である東京電燈が設立され、1887（明治20）年に電気供給を開始しました。この時の電圧は220 V（110 V× 2）でした。最初に1,000 V（1kV）の電気を用いたのは大阪電灯で、1889（明治22）年のことです。

電気供給の黎明期には、漏電火災や感電災害が多く発生したこともあり、1891（明治24）年に警視庁から「電気営業取締規則」が公布され、その年、政府は所轄官庁を逓信省と定めて、1895（明治29）年に「電気事業取締規則」（後の電気工作物規程）を公布しました。この中で、特別高圧は3,500V(3.5kV)を超過する電圧と定められました。

市内配電時代(2～3km)

初期の電気供給は火力発電所による低圧の直流方式で始まりました。直流方式は、交流方式と違って容易に電圧を高くすることができないため、小規模な電灯会社や工場ごとに発電所が建てられていました。当時の供給範囲は2～3kmほどであったと言われています。火力発電のように燃料費のかからない水力発電を利用する方が有利と認識されながらも、当時の送電技術では、水力の使用は地域的に限定されたものでした。

近距離送電時代(11kV：20～30km)

1894(明治27)年の日清戦争後の電灯需要拡大によって、各主要都市に電灯会社が開業するとともに、電気技術も急速に発展します。このような中で、広島水力電気が1899(明治32)年に黒瀬川の水力を利用する発電所から広島市までの26kmを11kVで送電を開始し、福島でも郡山絹糸紡績(日東紡の前身)が猪苗代湖からの安積《あそか》疎水《そすい》を利用した沼上発電所を建設し、郡山までの23kmを11kVで送電開始しました。これらが送電線の始まりとされています。この郡山絹糸紡績の発電、送電の資機材は全てアメリカからの輸入品でした。送電線の支持物としては、木柱が使用されました。

その後、各地で11kV送電が計画され、水力発電した電気を遠距離送電する時代が到来します。このため、逓信省は、1902(明治35)年に「電気事業取締規則」を改正公布し、「特別高圧電線路施設準則」を公布しました。これにより、送電線と人家、道路、鉄道等の離隔が定められました。海外を見ると、アメリカでは1901(明治34)年に50kVの送電線が実現されていました。

遠距離送電時代(55～77kV、50～150km)

1904(明治37)年に東京電燈は、山梨県の桂川を利用した水力発電所を駒橋に建設し、55kVで東京の早稲田変電所まで76kmを送電することを計画し、1907(明治40)年に送電を開始しました。この時の資機材としては、水車はスイスのエッシャー・ウィス社、発電機はドイツのシーメンス・シュッケルト社、変圧器はアメリカのGE社、碍子は55kVの実績のあるアメリカのロック社のピン碍子、電線(銅線)は横浜電線(現・古河電工)のものが導入されました。支持物は、主として木柱(杉または桧)でしたが、多摩川の横断箇所などで22基のアメリカ製の鉄塔がはじめて使用されました(**写真1**)。当時としては、55kV送電線は世界的にも最先端の技術で、その後、水力発電を主体とした電気事業の時代が訪れることになります。

送電線に本格的に鉄塔が用いられたのは、1909（明治42）年に箱根水力電気が塔之沢発電所から程ヶ谷変電所までの58kmを46kVで送った送電線（塔之沢線）と言われています。この時の鉄塔は、石川島造船所（現・IHI）の国産の2回線型で、166基（約16km）の鉄塔が建てられました（**写真2**）。国産の日本陶器製の碍子が、2回線のうち1回線に使用されました。鉄塔の設計は、箱根水力電気の寒川恒貞技師長がアメリカの設計技術を研究し開発したものでした。この鉄塔は、東京電力ホールディングスの「電気の史料館」に現物が展示されています。

当時、アメリカでは鉄塔が多く採用されつつありましたが、最新技術であり、木柱に比べても高価なものでした。寒川技師長は、鉄塔を利用することの利点として、次のことを説明し採用を判断したと言われています。

① 木柱に比べて径間長が長くでき、鉄塔は2回線が可能（用地費削減）
② 鉄塔は部材を分けて運搬でき、特に山中での運搬に有利（運搬費削減）
③ 木柱よりも基数が削減でき、当時高価であった碍子の総数も減らせる（資材費削減）
④ 木柱の寿命（7～8年）と比べ、鉄塔の寿命は長い（ライフサイクルコスト削減）

現在の送電線に新技術を適用する際の指標と同じです。ただ、これらの鉄塔は、翌年の1910（明治43）年8月の台風で、水田にある約60基が倒壊してしまいました。これは日本の風による荷重に対して基礎設計（施工）が不十分で、軟弱な地盤でもアメリカと同様に、コンクリートを使用しない基礎を採用したことが原因であったと言われています。

当時の逓信省電気局の技師であった渋沢元治博士（渋沢栄一の甥）は、『電界百話』の中でこの件に触れて、「失敗を恐れては、進歩は期し難いから失敗は失敗として将来の戒めとし、同時に絶えず新しい応用を工夫して進捗を図る事に心がけたいと思う。」と記しています。官も民も失敗をおそれず新技術に挑戦したことが、日本の電力技術の発展につながったのです。そして、日本の自然風土（環境）に適した信頼性と経済

写真1　駒橋・早稲田送電線　出典：東京電燈：東京電燈株式会社開業五十年史

性を持った設計が先人により研究され、その結果、鉄塔も進化してきたのです。

遠くの発電所から需要地まで長距離で送電することになり、電気事業の公益事業としての位置づけが高まります。このため、1911（明治44)年に「電気事業法」が公布されました。同時に技術的な要件を定めた施行規則である「電気工事規程」が公布されました。これが現在の「電気設備技術基準」の原点となります。

送電線の距離も長くなり、電圧も高くなることで、支持物として鉄塔が標準的に使用されるようになっていきます。1913(大正2)年には、鬼怒川水力電気が下滝発電所から東京の尾久変電所までの125kmに、66kVの送電線（鬼怒川線)を建設し、東京市電気局向けに送電を開始しました。この送電線の鉄塔は、石川島造船所製で1,261基が使用されました。碍子には、国産の松風陶器製の4重ピン碍子が使用されました。この鉄塔の姿は、人がバンザイをしている形に似ているので「バンザイ鉄塔」や「おいらん鉄塔」と呼ばれました(**写真3**)。この鉄塔は、1980年代に全て撤去されていますが、現在、電気の史料館に展示されています。

1913（大正2)年に桂川電力が山梨の鹿留発電所から東京の六郷変電所および戸塚変電所（目白)まで、それぞれ95km、85kmを日本電灯向けに77kVで送電を開始しました。これが日本初の77kV送電線（谷村線)です。この線路では支持物として、石川島造船所製の鉄塔が931基使用されています。碍子、電線などの送電設備も全て国産品が用いられました。77kVの電圧は、当時の主流であったピン碍子が使用できる最大の電圧でした。

77kV用のピン碍子はサイズも大きく、重量も約28kgと重くなり、人力運搬の限界でした。当時は、雷などで碍子に不良が発生することも多く、人肩で担ぎ上げて取り替えを頻繁に行っていました。このような中、高電圧化に対応するためアメリカで懸垂碍子が開発されます。懸垂碍子は1つが小さくできており、連結個数を増やすことで高電圧化に対応できます。また、鉄塔形状的にも、懸垂碍子を使用し、電線を吊り下げて空中に支え

写真2　塔之沢送電線
出典：東京電力ホールディングス：電気の史料館

写真3　鬼怒川線
出典：送電線建設技術研究会：創立四十周年記念 目で見る送電線工事の歩み

る方が絶縁面でも優位な形状でした。これ以降、鉄塔の形状も大きく変化することになります。この懸垂碍子の登場により、ピン碍子を使用したバンザイ形の鉄塔は、これ以降採用されなくなり､現在は､ほとんど残っていません。

この当時、送電線の電圧は事業者ごとに違っており、東京電燈55kV、桂川電力77kV､鬼怒川水力66kVなど､統一されていませんでした。このため､1913（大正3）年に、逓信省で電圧調査委員会が設けられて、はじめて標準電圧が定められました。実際には､電力会社が徐々に合併することで､東日本地域では1926（大正15)年6月に66kVで統一されることになります。

長距離幹線時代 (115～154kV：100～300km)

1915（大正4）年に、猪苗代水力電気が猪苗代湖の水を利用した大規模の水力発電所を完成させ、東京の田端変電所までの225kmを115kV送電線（猪苗代旧幹線）で送電することを開始しました。この時の115kVという電圧は、世界的に見てもトップレベル（計画時では世界第3位､運用時に第9位）の長距離送電線でした。この鉄塔は2回線でアメリカンブリッジ製、現在も当時の鉄塔の一部が現役で使用されています（**写真4**）。猪苗代旧幹線では当初、アメリカ製の懸垂碍子が採用されました。

この懸垂碍子は不良が多く発生し、頻繁な点検と交換が必要であったようです。このため、猪苗代水力電気の主任技術者であった太刀川平治氏は、懸垂碍子の国産化を日本陶器に依頼し、懸垂碍子の国産化が実現します。日本陶器は、1919（大正8）年に碍子部門が独立して、日本碍子（現・日本ガイシ）となりました。

写真4　猪苗代旧幹線　(a) 出典：送電線建設技術研究会：創立四十周年記念 目で見る送電線工事の歩み

送電幹線の電圧統一（154kV）

第一次世界大戦（1914（大正3）～1918（大正7)年)の勃発により、重化学工業を中心とする産業の電力需要が増加し、1914（大正3)年から1923（大正12)年の間に、電気事業者数も390から628と急増し、電気事業は発展を遂げます。送電線も、昭和電力の石川県方面の水力発電の電気を送る送電線（現在の関西電力の北陸幹線)、日本電力の岐阜県方面の水力発電の電気を送る送電線、大同電力の木曽川の水力発電の電気を送る長距離送電線が計画されるとともに、猪苗代水力電気でも新しい送電線などが計画されました。このような情勢をふまえ、国内での電圧統一が必要とされ、1920（大正9)年、送電幹線の標準電圧が154kVに統一されました。

大正時代初期は電気事業者の激しい競争が展開されます。東京方面では、東京電燈、東京市電気局、日本電灯の3社による競争が展開されました。この激しい競争は、無謀な値下げなど過剰なサービスにより互いの会社を疲弊させ、電力供給にも支障が出るような状態でした。このような状況から、1917（大正6)年に三電協定が交わされます。その後、電力会社の合併が進んでいきます。東京電燈は、1920（大正9)年に日本電灯を合併し、その後、利根発電、横浜電気、高崎水力電気、桂川電力など、関東の有力な電気事業者を統合します。そして、1923（大正12)年に猪苗代水力電気を合併します。全国的にも電力会社の合併が進みます。

この時代の主な送電線は、1922（大正11)年12月に上越幹線1期工事（信濃川～前橋間の116km）が完成、66kVで送電しました（**写真5**)。同年、群馬電力が、金井発電所から川崎変電所までの185 kmを110kVで送る群馬幹線を運開させています。1923（大正12)年3月に京浜電力が、竜島発電所から横浜変電所に至る200kmの日本初の154kVの京浜線（後の甲信幹線)を送電しました（**写真6**)。この送電線の鉄塔

写真5　上越幹線
出典：東京電燈：東京電燈株式会社開業五十年史

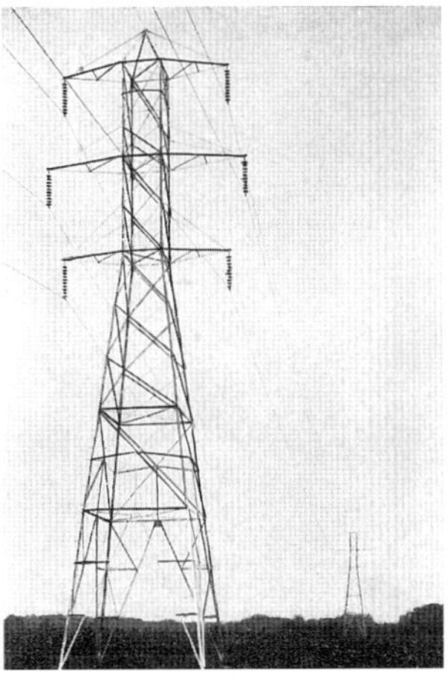

写真6　甲信幹線
出典：東京電燈：東京電燈株式会社開業五十年史

は、日本橋梁、枝光鉄塔所、浦賀船渠、電線は古河電気、藤倉電線、東海電線、碍子は日本碍子、松風工業など国産が多く採用されました。上越幹線は、1924（大正 13）年に第 2 期工事（前橋～東京亀戸間の 107km）が完成し、154kVに昇圧されました。

1923（大正 12）年の 9 月 1 日に発生した関東大震災では、送電線も大きな被害を受けたと言われています。特に、現場施工コンクリート柱の大部分が折損やひび割れしたと言われています。一方で、建設中であった上越幹線の鉄塔（石川島造船所製）は、1 基も倒壊しなかったようです。ただし、その年の冬に、豪雪地帯に立地していた上越幹線の鉄塔 26 基が積雪圧によって倒壊しています。

送電線は長距離となり、山岳地から海岸の都市部まで様々な環境を通過することになります。特に日本は、台風、地震、雪、雷など様々な自然環境が厳しく、送電線はこれらの影響を直接受けることになります。自然災害の被害を教訓に、安定した品質の高い電気を送るための設備とはいかなるものか、技術者は信頼性と経済性を両立できる設備を目指して常に研究を続けています。その結果が現在の設計に反映されているのです。

大正末期から昭和初期（1924（大正 13）～ 1931（昭和 6）年頃）には、5 大電力会社が電力戦と呼ばれる需要家獲得競争を展開し、それぞれ電力会社が水力発電した電気を都市部に送るための 154kV 送電線を建設しました。東京電燈では、1924（大正 13）年 8 月に高瀬川線（**写真7**）や、1926（大正 15）年に猪苗代発電所から鳩ケ谷変電所までの 225km を送電する猪苗代新幹線を建設しました。日本電力では、黒部川の水力を利用した柳河原発電所から東京変電所（京南変電所：横浜市）までの 294km を送電する東京送電幹線（黒部幹線）を建設しました。東京電力（東力）では、1927（昭和 2）年に 135kmを送電する田代幹線（**写真8**）を建設しています。大同電力では、1930（昭和 5）年に 225km を送電する東京送電線（天竜東幹線）を建設しまし

写真7　高瀬川線　出典：東京電燈：東京電燈株式会社開業五十年史

た。これらの送電線の一部は、現在でも現役で活躍しています。この5大電力による競争時代に水力発電の電気を送る送電幹線の多くが建設されたのです。

送電線に鉄塔が標準的に使用されるようになる中、鉄塔設計については、それぞれの事業者が定めた基準で設計されていました。国内の送電用鉄塔、鉄柱の規格を統一するため、1922（大正11)年に日本電気工芸委員会（日本で規格制定に取り組んだ団体の第1号)の中に鉄塔標準調査委員会が設立されました。この委員会の調査の結果、アメリカのNational Electric Safety Code（NESC)を参考に、JEC-22「送電用鉄塔鉄柱設計標準規格」が1926（大正15）年にはじめて制定されました。これにより鉄塔の種類、日本の気象条件を取り入れた想定荷重、設計方法などが統一されました。

送電線連系時代（66kV 送電網）

この頃の水力発電所から都心部を結ぶ送電線は、それぞれの電力会社が建設したものであり、当然お互いの連系ができていませんでした。渇水時や設備故障の際に互いに電力融通を可能にすることで故障時の停電時間を短縮でき、需要の平準化も可能となることから、社会全体としての利便性、経済性も向上します。このため、東京電燈は東京周辺に66kVの内輪線を建設することを決定し、日本橋を中心に8kmの半円を描く形で、花畑変電所から鳩ケ谷変電所、和田堀開閉所、洗足変電所、さらに鶴見の旭変電所に至る送電線を計画しました。これらの内輪線の工事は1925（大正14)年に開始され、最終的に全線2回線からなる内輪線が1935（昭和10)年に完成しました（**写真9**)。内輪線はJEC-22に基づき設計されたはじめての送電線で、現在でも都心周辺の一部で当時の鉄塔が現役で活躍しています。

鉄塔設計に対する風圧荷重に関する研究が、1933（昭和8）～1937(昭和12）年に、

写真8　田代幹線
(a) 出典：東京電燈：東京電燈株式会社開業五十年史　(b) 長島洋雄：架空送電線（がくうそうでんせん）の話

写真9　内輪線（(b)は現在の相武線、多摩川横断）(a) 出典：東京電燈：東京電燈株式会社開業五十年史

東京電燈の太刀川博士、堀貞治氏を中心に、東大航空研究所において風洞実験を行うなどして実施されました。1934(昭和9)年に関西地方に襲来した第一室戸台風は、関西地方に大きな被害をもたらしました。これを受け、逓信省の指導により渋沢元治博士を委員長としたJEC改訂委員会が設けられ、太刀川博士らの風洞実験の結果が役立てられ、1942(昭和17)年にJEC-22Aとして発刊されました。

写真10　長瀬川線

1931（昭和6）年の満州事変以降は、日本は準戦時体制を強め、1937（昭和12）年に日中戦争が始まり、戦時体制に移行します。これにより軍需物資の需要が拡大され、一般の資材調達が抑制されることになりました。このため、鉄塔の設計もコストダウンが求められ、合理的な鉄塔の型や組み方が研究され考案されました。1937（昭和12）年に建設された154kV長瀬川線（**写真10**）では、これまで腕金が設置される鉄塔上部の塔体幅は一定の構造でしたが、はじめてテーパを付ける鉄塔型が採用されています。この形状は、東京電燈の堀貞治氏が上越幹線での氷雪害の経験を活かして考案したもので、現在の鉄塔の標準的な形となっています。

国家管理時代

1938（昭和 13）年になると日本全体が国家による統制下になり、さらに物資調達が難しくなり、154kVの 2 回線送電線でも木柱で建設されたそうです。電気事業に関しても、1938（昭和 13）年 4 月の「電力管理法」、「日本発送電株式会社法」など国家管理諸法が公布されました。1939（昭和 14）年 4 月に日本発送電が設立され、1941（昭和 16）年に電気事業者の水力発電所と送変電設備の出資が命じられました。1942（昭和 17）年 3 月に全国を 9 ブロックに分け、9 つの配電会社が設立されます。送電線は国家管理下に置かれることになります。

写真 11　茨城線

国家管理以前は、多くの電力会社が送電線を建設したため、重複が多く無駄が生じていました。主要送電線を出資の柱の 1 つとしていた日本発送電では、全国の主要送電系統の整備が進められました。関東地方では、東京電燈がほとんどの主要設備を占めていたため大きな変更はありませんでしたが、鬼怒川水力電気の送電線だけが東京電燈との連系がされていなかったため、京北変電所での接続工事が実施されました。また、猪苗代新幹線と京北線とを連系する工事や、猪苗代旧幹線や群馬幹線を 154kV に昇圧する工事が 1944（昭和 19）年に実施されました。

1939（昭和 14）年から 1945（昭和 20）年の第二次世界大戦中は物資不足が著しく、特に鉄塔の材料である鋼材の節減が求められました。このため、鉄塔標準調査委員会において審議が行われ、1943（昭和 18）年に JEC-22AZ「送電用鉄塔設計暫定標準」が制定されました。この標準で設計された鉄塔は、JEC-22A に比べ、3 割弱の鋼材が節約できたと言われています。この時代に建設された線路としては、1944（昭和 19）年の茨城線（**写真 11**）がありましたが、全て建て替えられて姿を消しました。

鉄塔の部材の組み方は、シングルワーレン、ダブルワーレン、K トラス、プラットトラスなど、色々なものがありました。現在の鉄塔では、ブライヒ組（つづみ組）と呼ばれるものが一般的に使われています。この組み方は、1941（昭和 16）年に堀貞治氏が日本発送電時代に考案したもので、特に大型鉄塔での経済性が出る組み方になっており、現在の UHV（Ultra High Voltage）送電線用の鉄塔にもこの組み方が採用されています。戦時中の、資材が入手できない時代に考えた知恵が、現在の合理的な鉄塔形状として引き継がれているのです。

戦後復興と高度経済成長

９電力体制の設立

1945（昭和20）年８月15日、日本は太平洋戦争に敗れて連合国軍最高司令部（GHQ）の統治下に置かれることになります。国家管理体制の日本発送電と９配電会社による地域の独占をどのように変えていくかが議論されます。1946（昭和21）年に電気事業法が改正され、９つの配電会社は民営会社になります。そして、1950（昭和25）年のポツダム政令に基づき電気事業再編成令と公益事業令が公布され、1951（昭和26）年５月１日に日本発送電と９配電会社が解散し、新たな９電力株式会社が設立されることになります。

1950（昭和25）年６月に勃発した朝鮮戦争により、日本経済は戦後不況から一挙に脱出します。家庭には三種の神器と呼ばれたテレビ、洗濯機、冷蔵庫が普及し、電化が進みます。この頃の電源の主力は水力でした。1951（昭和26）年の渇水による電力危機（使用制限）を契機として、電源開発の緊急性が叫ばれ、1952（昭和27）年７月に電源開発促進法が公布され、９月に電源開発（株）が発足します。また、９電力相互間での様々な課題を調整する組織として、電気事業連合会が結成されます。

超高圧送電線時代のはじまり（275kV）

戦後復興と経済成長の需要増に対応するため、大規模な発電所の開発が計画され、これらの発電された電力を超高圧送電線で連系させるための送電線も計画されます。1951（昭和26）年には、東京電力で信濃川発電所から西東京変電所までの275kV設計の西東京幹線（中東京幹線）の一部が建設され、154kVで使用されました。この線路では一部で日本初の複導体が採用されます。1952（昭和27）年には、関西電力で黒部から大阪までの320kmを送電する日本初の275kVの新北陸幹線が完成します。東京電力は1953（昭和28）年に超高圧送電委員会を設置し、水力発電所では信濃川、只見川、佐久間発電所の電力を275kVで送電することが計画されます。

さらに、水力発電所の開発だけでは増加する電力需要に十分対応できないことから、火力発電所の開発と大型化も同時に進められます。1958（昭和33）年には、千葉火力と中東京変電所を結ぶ275kVの東京東線（亘長115km）が運転を開始します。1960（昭和35）年には275kVの東京西線と東京南線が運転開始します。これによって、千葉火力から横須賀火力に至る亘長230kmの275kV外輪線が完成しました。また、西東京幹線を275kVに昇圧して中東京幹線に名称を変更しています。

地域間連系強化時代（広域運営時代）

1958（昭和33）年に広域的な視点で合理的かつ効率的な経済圏を設定するための組織として中央電力協議会が結成されます。この組織は、９電力の自主性を尊重しつつ、電源開発、設備運用、電力融通を促進し、安定供給と経済運用を図ることが役割とされました。各社の電力システムは超高圧送電線により次々と連系されます。

電源開発でも275kV送電線の建設が相次ぎ、1956（昭和31）年に佐久間発電所と西東京発電所を結ぶ佐久間東幹線、1959（昭和34）年には只見川水系の発電所から西東京変電所を結ぶ只見幹線が運転を開始します。これにより、東北電力、東京電力、電源開発の超高圧連系が可能になります。電力広域運営を進めるうえでの課題は、周波数の違う東西間の連系でした。このため、電源開発が静岡県に佐久間周波数変換所を建設し、1965（昭和40）年に30万kWの東西間融通が可能となりました。

石炭から石油への転換が進み、日本の電力の電源構成が水主火従から火主水従に1963（昭和38）年を境に変わります。火力発電所の高効率、大容量化が進んだことで火力の原価が下がったことが背景にありました。東京オリンピックが1964（昭和39）年に開催されましたが、それ以降は石油の使用量が石炭を上回ります。1966（昭和41）年

周波数の話　東日本：50Ｈｚ、西日本：60Ｈｚの理由

1887（明治20）年の日本での最初の電気供給は直流方式でした。この頃、小規模な電灯会社は、エジソン会社の供給方式である火力による低圧直流発電方式でした。この火力直流発電方式は、発電所の周辺3kmほどに限定されており、低圧送電のため送電ロスが避けられませんでした。当時は、現在のように遠距離の送電技術がなく、水力電源と需要地とを結ぶのが難しかったのです。

1889（明治22）年に開業した大阪電灯は、最初からアメリカのトムソン・ハウストン社製の交流発電機を導入しました。東京電燈も1891（明治24）年に交流方式の採用を始め、1895（明治28）年にドイツのアルゲマイネ社（AEG）から発電機（50Hz）を輸入し、運転を開始しました。これが東京方面で50Hzが用いられた起源です。同年に大阪電灯は、アメリカのGE社の発電機を輸入し、運転を開始しました。これが関西方面で60Hzが用いられた起源です。この後、周波数統一について議論されましたが、戦争や電力需要の増加の中での電力逼迫や改造費用が考慮され、断念されて現在に至っています。現在は、周波数変換所を通して、西側と東側での電力融通ができるようになっており、2011（平成23）年の東北地方太平洋沖地震（東日本大震災）後に、連系を強化するための直流送電線が建設され、2021（令和3）年に運開しました。

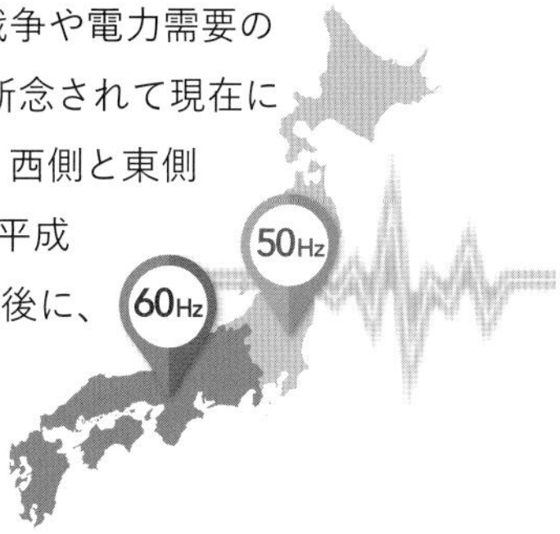

には、日本原子力発電の東海発電所が、日本ではじめて商業ベースの原子力発電を開始しました。1970（昭和45）年に関西電力が美浜発電所1号機を運転開始し、1971（昭和46）年に東京電力が福島原子力発電所1号機を運転開始しました。電源の多様化が進みます。

火力や原子力発電所の建設とともに、夜間の余剰電力で水を揚げ、昼間の電力ピークに発電する揚水式水力発電所も建設されます。1965（昭和40）年には利根川上流部に矢木沢発電所が建設され、275kV矢木沢線が中東京幹線に接続されました。この高度経済成長期に低廉で安定的な電力供給が実現されると同時に、社会的には公害問題が深刻になり、電力会社にとっても重要課題となります。1967（昭和42）年に公害対策基本法、1968（昭和43）年に大気汚染防止法が制定されます。

1961（昭和36）～1973（昭和48）年は、高度経済成長の時代となります。家庭内の電化も進み、新三種の神器としてカラーテレビ、クーラー、カーが一般化していきます。この時期、東京電力の設備投資の増加率は、流通設備が発電設備を上回ります。流通設備の拡大・近代化は、アメリカ東部で1965（昭和40）年に発生した大規模停電事故を教訓に、500kV外輪線のリング化、275kVの都内導入などが推進されることになります。

500kV送電線網建設の時代

世界的には、1952（昭和27）年のスウェーデンの380kV送電、1959（昭和34）年のソ連での500kV送電、1965（昭和40）年のカナダ・アメリカでの750kV送電と超高圧化が進む中で、1965（昭和40）年に中央電力協議会により新たな標準電圧を500kVとすることが決定されました。東京電力では、1966（昭和41）年に500kV設計の房総線（**写真12**）が建設され、275kVで運転が開始されました。房総線は、1973（昭和48）年に日本ではじめて500kVに昇圧されました。

写真12　500kV 房総線
出典：長島洋雄：架空送電線（がくうそうでんせん）の話

房総線の鉄塔には、高張力鋼材や十字断面材、中空鋼管材などが採用されています。房総線は五井、姉崎などの火力発電所増強に対応して、外輪系の強化を狙って建設されたものです。その後、1968（昭和43）年には新古河開閉所を経て北東京変電所まで延長され、次いで1970（昭和45）年には新古河変電所から新所沢開閉所まで延長され、

500kV設計の新古河線として275kVで運転を開始しました。これにより、房総変電所から横須賀火力に至る外輪系統の2ルート化が完成しました。

房総線の後に、500kV設計の送電線として、1969（昭和44)年に安曇幹線1号線が275kV運転を開始、1970（昭和45)年に福島幹線、新古河線、1972(昭和47)年に印旛線、福島東幹線などが次々と建設され、運転を開始しました。福島幹線、新古河線は1975(昭和50)年に500kVに昇圧されます。500kV外輪線の2重化のため、500kV新袖ヶ浦線が1974（昭和49)年に建設されました。このように1970～1980年代中期に500kV送電線が次々と建設されました。

環境配慮と保全の時代

高度成長期は1973（昭和48)年の第一次石油危機、1979（昭和54)年の第二次石油危機により終焉を迎えます。この頃、生活水準の向上により、環境問題が重要視され、送電線の用地取得も困難になってきます。新多摩変電所から新富士変電所に至る64.4kmの500kVの新多摩線の建設にあたっては、環境アセスメントが実施されました。工事の建設申請から6年間の協議を経て承認され、新多摩線は1980(昭和55)年に完成しています。

【送電電圧の変遷】

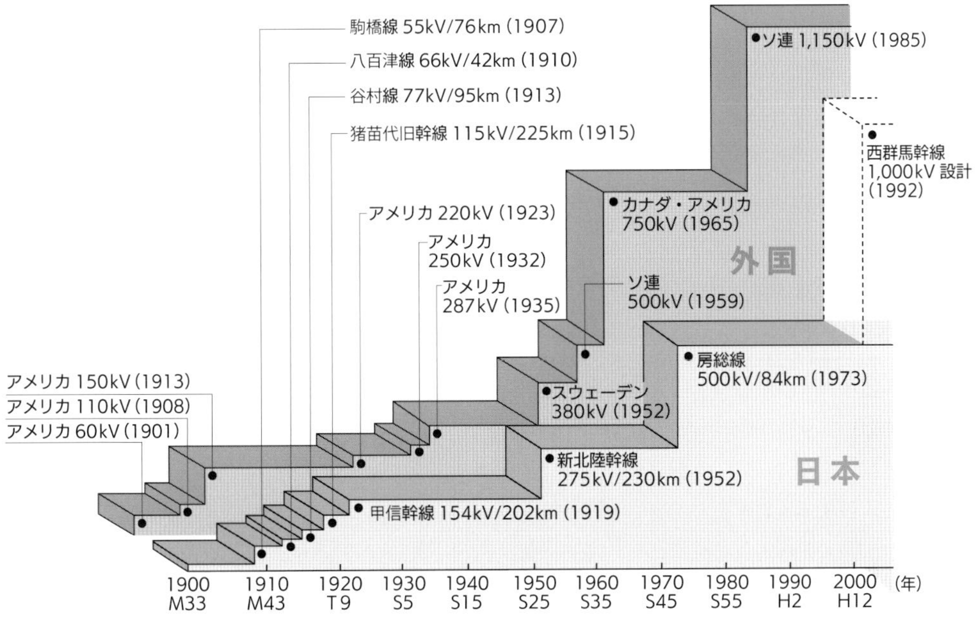

送電線の建設には、土地所有者や周辺住民の方々、自治体など地域の理解が必要です。多くの関係者に納得をしていただくために多くの時間が必要となってきています。都心部では、1965（昭和40）年代はじめから鋼管単柱が美観化を目的に一部採用され始めます。1970（昭和45）年には66kV大宮線に鋼管単柱および2本柱がはじめて採用されました。

500kV用の大型鉄塔に鋼管が使用されるようになり、鋼管を接続する部分についても、強度を満たすためリブ付きフランジとなり、さらに運搬重量の制限から主柱材の下部はフランジだらけの形状になりました。このため、改良が検討され、1981（昭和56）年に鍛造継手が開発され、500kV奥清津秩父線に使用されました。また、軽量化と美観化のため、現場溶接継手も富津火力線で4基に試験的に採用されました。

鋼管材についても、初期には断面性能、風圧特性の優れたコンクリート充填鋼管（MC鋼管）が関西地方で多く採用されるようになり、東京電力でも1964（昭和39）年に154kV送電線の一部で採用され、500kV福島幹線などに採用されました。軽量化と現場充填の繁雑さをなくすため、工場でのコンクリート充填を行った中空コンクリート充填鋼管材（TP鋼管）が開発され、1969（昭和44）年に275kV西北線、1971（昭和46）年に275kV第2鹿島火力線、1972（昭和47）年に500kV印旛線、新茂木線、福島東幹線などに一部採用されました。

中空鋼管鉄塔は、1965（昭和40）年に九州電力で採用されたのが始まりで、当社でも1976（昭和51）年に275kV北総線（TACSR1520×2導体）にはじめて採用されたのを契機に、その後は中空鋼管が大型鉄塔に多く採用されるようになりました。

1985（昭和60）年から1998（平成10）年にわたり、原子力や火力の大容量発電所建設と並行し、500kV送電線がつくられ、各電力間での電力の融通量も拡大されます。1992（平成4）年には新信濃周波数変換所を30万kW増設し、既設と合わせて60万kWの運転を開始します。1993（平成5）年の電源開発による北海道・本州間連系線が30万kW増設され、60万kWの連系が可能となり、1995年（平成7）年の東北電力による相馬双葉幹線運転開始に伴う東京電力・東北電力間の500kV連系などが実現されました。

UHV（1,000kV）送電線の設計

1980年代まで東京電力の電力系統は、東側の電源に重きを置いた系統構成になっていました。柏崎刈羽原子力発電所の建設が進むにしたがって西側の電力系統強化が必要とされました。この結果、1,000kV設計の送電線を建設する方針を固めました。1,000kV送電線は、従来の500kV送電線に比べて建設費は高いですが、送電できる電力は3～4倍に増やせます。送電用地の確保や送電損失を考えると、メリットがあると

写真 13　西群馬幹線

考えたのです。

1975（昭和 50）年より 1988（昭和 63）年にかけて、1,000kV、10 導体および 8 導体の試設計、研究、実証試験が実施されました。1990（平成 2）年には、ACSR810 の 8 導体、ACSR610 の 8 導体の UHV 設計の鉄塔が西群馬幹線、南新潟幹線で採用されました。

1,000kV 送電線には、8 導体の送電線が使用されています。鉄塔には、材料に 500kV で使用された高張力鋼材よりもさらに強い 60kgf/mm^2 の鋼材が使用され、骨組み構造も改善させることで鉄塔の小型化、軽量化を実現しました。1992（平成 4）年 4 月に西群馬幹線（**写真 13**）の送電を開始したのを皮切りに、1993（平成 5）年 10 月に南新潟幹線、1996（平成 8）年 5 月に北栃木幹線、1999（平成 11）年 4 月に東群馬幹線、1999（平成 11）年 10 月に南いわき幹線と 1,000kV 送電線を完成させました。これらの送電線は現在、500kV で運用されています。

19 世紀、1883（明治 16）年に起源を持つ電力会社は、20 世紀の戦争と高度経済成長の時代を経て、21 世紀という第 3 の世紀に入り、既に 20 年が経過しています。東京電力の 1 日の最大電力は、2001(平成 13) 年 7 月の 6,430 万 kW をピークに現在は 5,500 万 kW 程度で落ち着いています。20 世紀のように電力需要の増大に合わせて、新しい送電網を建設する時代ではなくなり、太陽光発電や風力発電などの再生エネルギーを効率的に送電網に入れながら、広域に連系させる時代になってきています。

現在ある送電線は、高度成長期に多く建設されており、50 ～ 60 年経過しています。

高度成長期に建設された多くの道路や橋、鉄道と同様にこれらの設備をいかに保全して延命化するか、台風や地震などの災害に強くかつ経済的な設備に建替を行っていくか、これらを真剣に考える時代になっています。設備状態と周辺環境の状況を適切に判断し、高品質で低廉な電気を安全に安定して送り続けるため、No.5で紹介する送電線を「守る」仕事が陰ながら行われているのです。

鉄塔は鉄の骨組みであり、無駄のない構造をしています。強度を強くするため材料を大きくすればするほど鉄塔にコストがかかることになります。逆に、戦時中のように資源削減を優先すると、長期的に見ると自然災害に対して十分な余裕がないため、万が一の災害の際に大きな被害が発生し、大規模な停電やその復旧に時間と費用がかかることになります。先人たちが将来を見据え、新技術として導入した鉄塔は現在、1,000kV設計の大規模なものになっています。これらの設備の保全をしながら、より信頼性の高い設備へ進化させていくことが、今後も必要だと思っています。

広域連系の拡大

2011（平成23）年の東北地方太平洋沖地震（東日本大震災）では、東日本の発電所の多くが被災し、電力不足が生じたことから、さらなる東西間の広域連系の強化が必要となりました。2017（平成29）年3月に中部電力の飛騨変換所と東京電力の新信濃変

写真14　飛騨信濃直流幹線

電所とを結ぶ89kmの±200kV飛騨信濃直流幹線の建設が始まりました。2021（令和3）年3月31日に飛騨信濃直流幹線（**写真14**）が運転を開始し、東西連系の電力が90万kW増強されました。2013（平成25）年の中部電力の東清水変電所の30万kWの変換設備と合わせると、周波数の違う東西間で210万kWの東西融通が現在は可能となっています。今後、新たな周波数変換所の設置等により2027（令和9）年度末には300万kWまで増強される計画です。

2018（平成30）年9月6日の北海道胆振東部地震では、北海道エリアにおいて日本ではじめてのブラックアウト（北海道全域停電）が発生しました。この大停電は、地震による火力発電所の停止のほか、水力発電所や風力発電所も停止してしまったことが原因とされています。北海道と本州を結ぶ直流連系線も2019（平成31）年に30万kWが増強され、現在、90万kWの連系ができるようになっています。

電気は、発電量と消費量を常に一致するようにする必要があります。このため、このバランスが崩れると、大停電に至る可能性があります。今後は、自然エネルギーによる発電がますます多くなることが予想されます。例えば、北海道で風力発電した電気を東京で利用するようになる時代も来ると思います。送電線もこれまで以上に広域連系が進むことで、鉄塔もさらに進化していくでしょう。

参考文献

(1) 太刀川平治：特別高圧送電線路ノ研究、丸善、1921年
(2) 渋沢元治：現代生活に於ける電気、電気学会、1924年
(3) 森秀：電気一夕話、工政会、1932年
(4) 渋沢元治：電力問題講話、オーム社、1933年
(5) 渋沢元治：電界百話、オーム社、1934年
(6) 東京電燈：東京電燈株式会社開業五十年史、1936年
(7) 堀貞治：送電用鉄塔鉄柱の設計、電気書院、1955年
(8) 日本電線工業会：電線史、1959年
(9) 渋沢元治：電界随想 本邦電気事業の生い立ち、コロナ社、1963年
(10) 竹下英世：架空送電線の弛度、電力社、1966年
(11) 山崎俊雄、木本忠昭：電気の技術史、オーム社、1976年
(12) 電力百年史、政経社、1980年
(13) 堀貞治：送電一筋の途の記録、エムアイエス、1981年
(14) 電気学会：がいし、1983年
(15) 送電線建設技術研究会：目で見る送電線工事の歩み、1989年
(16) 藤村哲夫：土と炎とエレキテル、日本ガイシ、1992年
(17) 関根泰次：エレクトリック・エナジー史、オーム社、1989年
(18) 東京電力：関東の電気事業と東京電力 電気事業の創始から東京電力50年への軌跡、2002年
(19) ジャック・カサッザ：日本電気協会、忘れられたルーツ 電力産業120年の浮沈とこれからの100年、2009年
(20) 長島洋雄：架空送電線（がくうそうでんせん）の話、タワーライン・ソリューション https://www.k-tls.co.jp/overhead-tml/

No.1 | 送電鉄塔 はじめて物語

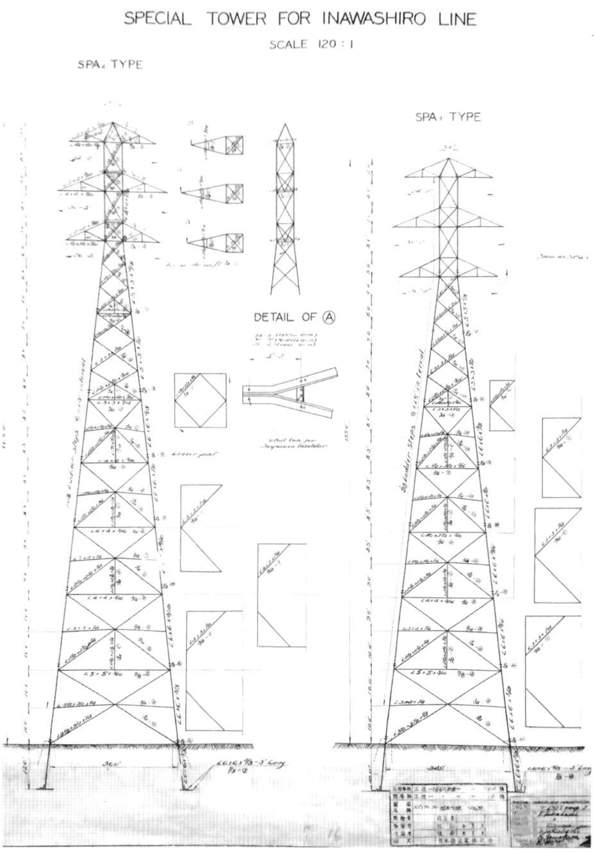

猪苗代新幹線原型構造図

大正末期頃に設計の英語で表記された猪苗代新幹線の構造図。
旧宇都宮送電所に保管されていたもので、戦前の国家管理時代に、日本発送電が管理していたオリジナルの図面と思われる。現存している猪苗代新幹線の鉄塔は、そのほとんどが改造されているため、これは建設当時の原型をうかがい知る貴重なもの。

淀橋線電線張替工事

1952(昭和27)年撮影の淀橋線の電線張替の様子。
ピン碍子の鉄塔は、1912（明治45）年建設の旧八ッ沢線。右は耐張装置に嵩上げ改造したもの。

No.2

電線と鉄塔の基礎知識

No.2 ｜電線と鉄塔の基礎知識

送電線の役割

送電線って何？

私たちの生活に欠かすことのできない電気は全て発電機からつくられます。沢山の電気をつくる場所が発電所です。発電所には水力発電所、火力発電所、原子力発電所などがあり、太陽光発電所や風力発電所など自然エネルギーを活用した発電所もあります。これらの発電所でつくられた電気を変電所まで送り届ける設備が送電線です。送電線は言わば、電気を届ける「電気の道」であり、配電線を一般道とするならば、送電線は高速道路や自動車専用道路になります。

発電所でつくられた電気は、275 ～ 500kVという超高圧に変電され送電線に送り出されます。高い電圧に変圧して送電する理由は、No.1 はじめて物語でも説明しましたが、発熱などによる送電ロスを少なくするためです。送電ロスが少なくなれば、長距離の区間を効率的に送電することができます。

超高圧で送電した電気は、各地の変電所で 66 ～ 154kVに下げられ、その電気の一部を工場や鉄道などの大規模設備に送り、さらに 6.6kV以下（100 V、200 V）に変電して家庭へと送られます。

全国の送電支持物と送電線の総距離

日本全国、北海道から九州まで、全てが送電線でつながっています。そのため、電気はどの地域にも届けることが可能で、24 時間 365 日、安定して電気を届けることができます。万一、電気が不足する場合は、地方の電気を融通し合うことで、長時間の停電などのトラブルを未然に防止しています。なお、沖縄については、送電線がつながっていないため、電気は融通していません。

送電線には、鉄塔などを使用して上空を通過する架空送電線と、地下を通過する地中送電線があります。全国に約 103,700 km（2020 年度）の送電線があり、架空送電線を支える支持物（鉄塔など）を 250 ～ 450m の間隔で施設しています（**表1**）。

表1　全国の送電支持物数

鉄　塔	約 239,000 基
コンクリート柱	約 180,000 基
鉄　柱	約　32,000 基
合　計	約 451,000 基

出典：電気事業連合会ホームページ、電力統計情報「I. 施設 送電設備」

送電線を構成する部品

送電線は、主に①支持物、②基礎、③電線、④架空地線、⑤碍子で構成されます。

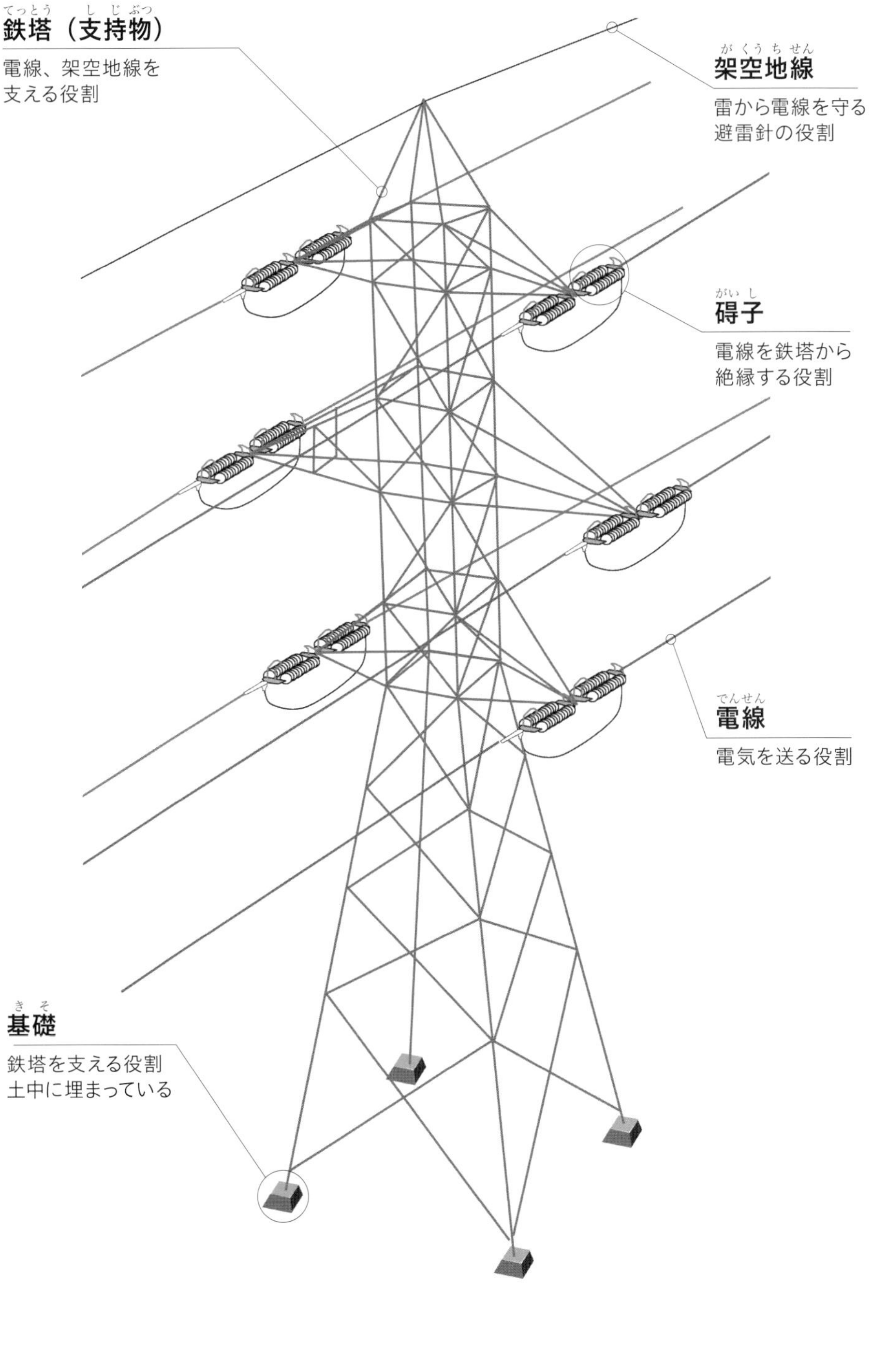

支持物（鉄塔など）

送電線を支える構造物で、鉄塔、コンクリート柱、鉄柱などの３種類があります。自然災害時にも倒壊しないように電線を支持している設備です。

① 鉄塔

山形鋼、鋼管、鋼板、平鋼、ボルトなどで構成された支持物

② コンクリート柱（鉄筋コンクリート柱）

鉄筋コンクリートでつくられた支持物

③ 鉄柱

鉄塔と同じ山形鋼、鋼管、鋼板、平鋼、ボルトなどで構成された支持物

基礎（送電線の鉄塔基礎）

鉄塔からの荷重を地盤に伝えて、地盤とともに鉄塔を安全に支持することを目的に設置する設備で、一般的に鉄筋コンクリート、または無筋コンクリートで構成されます。基礎の種類は、主に下記の６つの種類があります（詳細は、No.3 送電鉄塔ができるまでを参照）。

① Ⅰ型基礎：逆Ｔ字の形をした各脚独立した基礎
② Ⅱ型基礎：逆Ｔ字の形をした各脚独立した基礎で地下水位の高い場所に適用
③ Ⅲ型基礎：Ⅰ型、Ⅱ型を杭で支えた基礎
④ Ⅳ型基礎：Ⅰ型、Ⅱ型の４脚の床板部を一体化した基礎
⑤ Ⅴ型基礎：Ⅲ型の４脚の床板部をつなぎ梁で結合した基礎
⑥ 深礎（Ⅵ型）基礎：基礎体下部に深礎を設けた基礎

電線（架空送電用）

(1) 材質

電気を送る、最も重要な設備です。主に鋼心アルミより線、硬銅より線を使用しています。基本的に、被覆がない裸電線を採用し、電気の輸送路としての電気的性能と、厳しい自然環境の中でも耐える機械的性能を兼ね備えています。

① 鋼心アルミより線（写真1）

鋼心アルミより線（ACSR：Aluminium Conductor Steel-Reinforced）は、導電率の高い硬アルミ線を引張強さの大きい鋼線、または鋼より線の周囲により合わせた電線です。硬銅より線に比べて導電率は低いですが、機械的な強度が大きく、重量が小さいため、鉄塔と鉄塔の距離が長くても用いることができます。

② 硬銅より線（写真2）

硬銅より線（HDCC：Hard-Drawn Copper stranded Conductor）は、硬銅線を素線とするより線です。鋼心アルミより線に比べて引張強度が小さく、重量が大きいため、

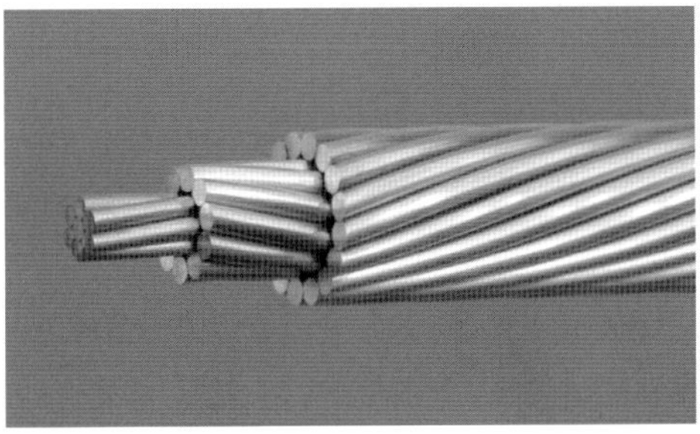

写真1　鋼心アルミより線

写真2　硬銅より線

表2　電線の仕様

種類	公称断面積 (mm²)	電気抵抗 (Ω/km)	引張強度 (kN)	重量 (kg/km)
鋼心アルミより線 (ACSR)	160	0.182	68.4	732.8
	240	0.120	99.5	1,110
	410	0.0702	136.1	1,673
	610	0.0474	180.0	2,320
	810	0.0356	180.9	2,700
硬銅より線 (HDCC)	55	0.320	21.7	506.4
	250	0.0715	100.0	2,298

現在、架空送電線での使用頻度は低くなっています。

(2) 太さ、本数

電圧や電気の量、経過地の環境に応じて適した電線、本数を使用しています。電線の太さは、電線の断面積で表します(**表2**)。

(3) 電線の支持方法

鉄塔への支持方法は、耐張装置で支持する方法と懸垂装置で支持する方法があります。

① **耐張装置(写真3)**:引留クランプを使用して電線を支持します。引留クランプには圧縮

写真3　耐張装置

写真４　懸垂装置

電線保護

アーモロッド

電線支持点付近において、電線の振動による曲げ応力を緩和するために取り付けるものですが、雷撃時の電線保護の役割もあります。

型とくさび型、ボルト締め付け型があります。耐張装置の場合は、鉄塔前後の電線を接続するため、ジャンパ装置（電線と電線を橋渡しする役割）を設置する必要があります。

② 懸垂装置（写真４）：懸垂クランプを使用して電線を支持します。

架空地線

架空送電線の一番上に設けられている金属線で、落雷による設備被害を防止する役割があります。雷が架空地線に直撃した場合、落雷による電気は架空地線を伝わって流れ、鉄塔を経由して地面に流れることで電線に落雷時の電気が流れないようにしています。

架空地線がない場合、送電線に雷が落ちて電線に損傷を与えたり、雷が電線に流入し、大きな異常電気が流れてしまい、長時間停電に至るおそれがあります。

架空地線は、耐食性に優れた亜鉛めっきやアルミ覆鋼などの材質でつくられ、主にアルミ覆鋼より線、亜鉛めっき鋼より線を使用しています。また、光ファイバーを利用した光通信の拡大に伴い、架空地線と光ファイバーを一体化した光ファイバー複合架空地線も採用されています。

① アルミ覆鋼より線（写真５）

架空地線は導電率の高い素材を採用しており、鋼心の周囲にアルミを被覆したアルミ覆鋼より線（AC：Aluminium Clad steel wire）を主に使用しています。亜鉛めっき鋼より線に比べて導電率が高く耐食性もあり、軽量です。

② 亜鉛めっき鋼より線

亜鉛めっき鋼より線（GSW：Galvanized Steel Wire strand）は、鋼心に亜鉛めっきを施したより線で、初期の架空地線に多く採用されました。

写真 5　アルミ覆鋼より線

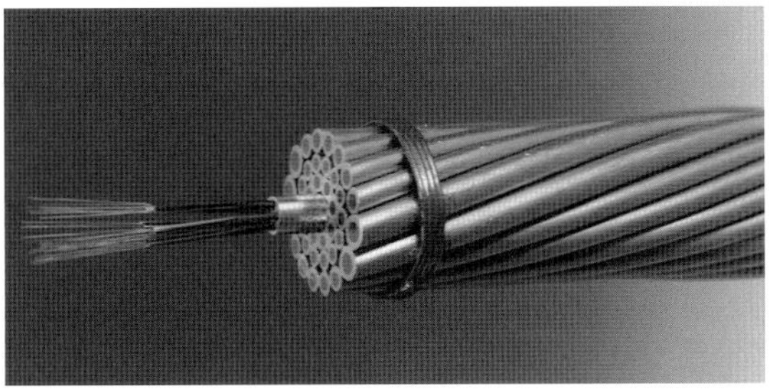

写真 6　光ファイバー複合架空地線

③ 光ファイバー複合架空地線（写真6）

光ファイバー複合架空地線（OPGW：composite fiber OPtic Ground Wire)は、光伝送を目的としたOPユニット部と架空地線の性能を持たせたアルミ覆鋼より線部の2つで構成されている架空地線で、アルミ覆鋼より線（AC)とともに主に採用されている架空地線です。

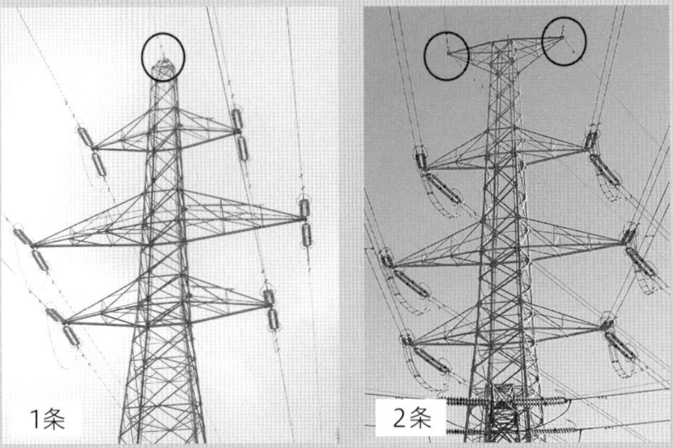

架空地線の条数（1条と2条の違い）

鉄塔が高くなると、架空地線1条では雷から送電線を守ることができません。そこで電圧や送電している回線数によって架空地線を2条にする場合があります。

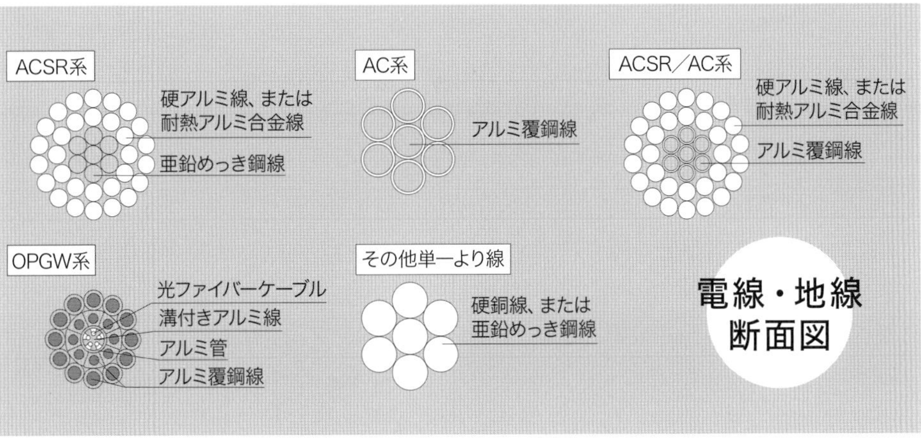

電線・地線 断面図

電線・地線の付属品

●ダブルトーショナルダンパ

ダンパは電線の振動エネルギーを吸収抑制し、電線の疲労を防止するために設置されます（**写真7**）。

●カウンターウエイト

電線に付着した雪の成長を防止するため、電線自体の回転を抑制する目的で、径間内に難着雪リングと併せて設置します（**写真8**）。

●スペーサ

電線導体間隔を一定に保つため、径間途中やジャンパ線に設置され、導体数と構造上から様々な種類のものが使用されています（**写真9**）。

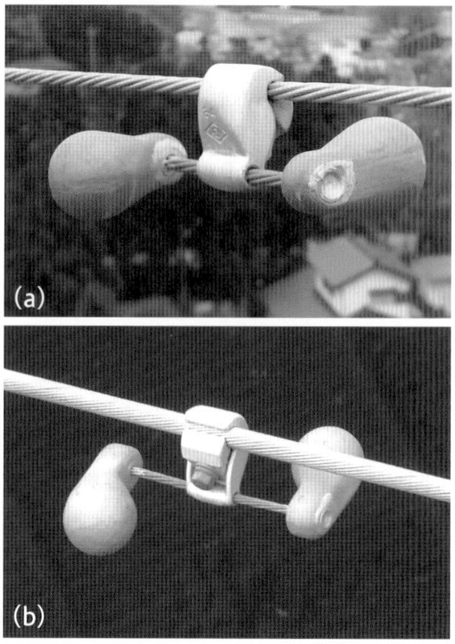

写真 7　ダブルトーショナルダンパ
(a) 地線用　(b) 電線用

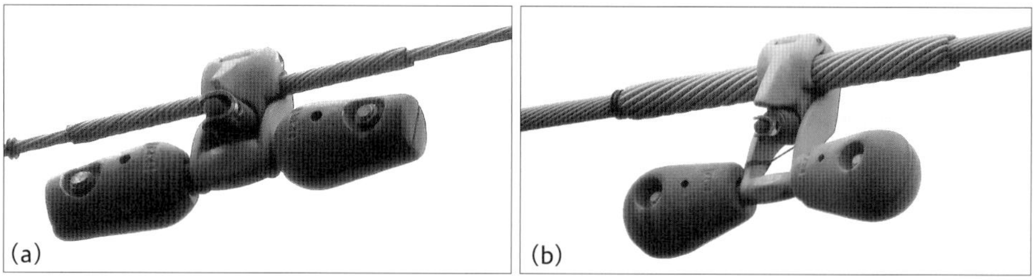

写真 8　カウンターウエイト　(a) 地線用　(b) 電線用

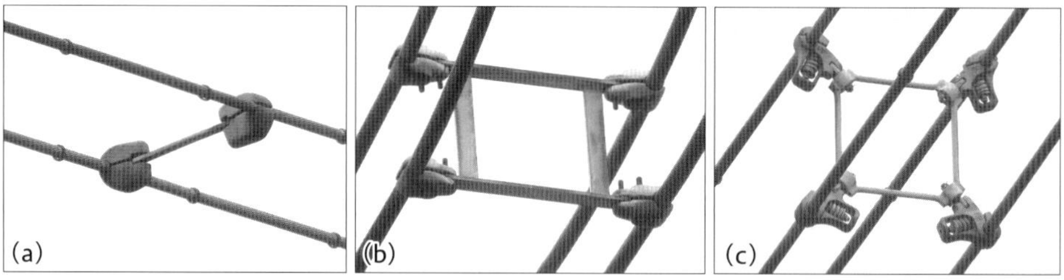

写真 9　スペーサ　(a) 2 導体用　(b)、(c) 4 導体用

碍子

碍子は、鉄塔と電線との間を絶縁するためのものです。電力設備に使用されている碍子は、変電設備や配電設備、通信設備など多岐にわたることから、ここでは架空送電設備に使用されている代表的な碍子を紹介します。

架空送電設備では懸垂碍子、長幹碍子、複合碍子が使用されており、使用電圧と碍子種類に応じた必要個数を、碍子の上下に付いている金具で連結することで絶縁を確保します。

碍子の表面に塩分や煤煙などが付着することで絶縁強度が低くなるおそれがあるため、地域や環境などの条件に応じて碍子を増結しており、海岸地域に近づくほど1連あたりの碍子個数が多くなります。

懸垂碍子では66kVが5～11個、154kVが10～24個となり、1,000kVにもなると大型の懸垂碍子を最大56個も連結します。

① 懸垂碍子

笠状の磁器絶縁層と連結用金具で構成した碍子で、複数個連結して使用します。現在の懸垂碍子は磁器製で、耐アーク性（大電流低電圧放電による材質劣化に耐える能力）が良いアルミナ含有磁器を採用しています。クレビス型（**写真10（a）**）とボールソケット型（写真10（b））があり、引張強度の大きさによってこの2種類の形を使い分けます。

② 長幹碍子（写真10（c））

笠付磁器棒と連結用金具で構成した碍子で、1本または数本を連結して使用します。

①の懸垂碍子と同様に、磁器製で、耐アーク性が良いアルミナ含有磁器を採用しています。

③ 複合碍子（写真10（d））

磁器製碍子に加え、軽量で汚損耐電圧特性、耐衝撃特性に優れた性能を有した碍子です。国内で適用範囲を徐々に拡大している新しい絶縁材料を用いた碍子です。

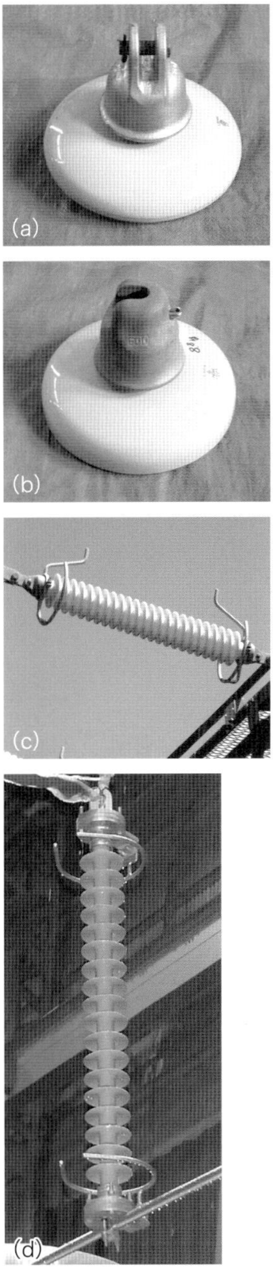

写真10　碍子の種類
（a）クレビス型懸垂碍子
（b）ボールソケット型懸垂碍子
（c）長幹碍子
（d）複合碍子

碍子保護

アークホーン

碍子が破損しないよう、雷撃時にアークホーン（○の先端部）間で閃絡させ、碍子を防護します。

碍子連装置

大きく分けて耐張装置と懸垂装置の２種類があります。耐張装置、懸垂装置のそれぞれにおいて、強風時でも電線が鉄塔に近づいたり、電線同士が近づいて電気事故が発生しないように、絶縁間隔が確保されていることを事前に確認しています。

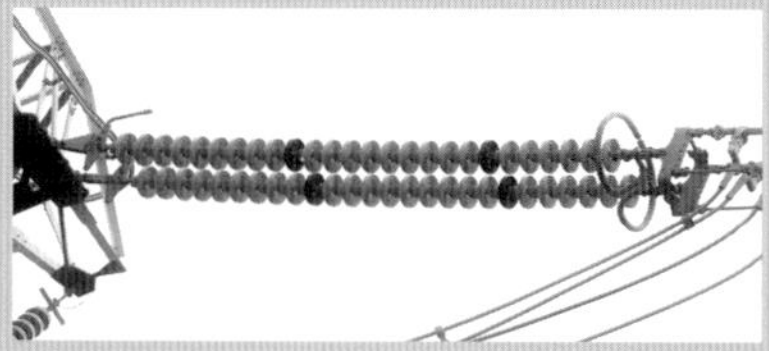

耐張装置

V吊

I吊

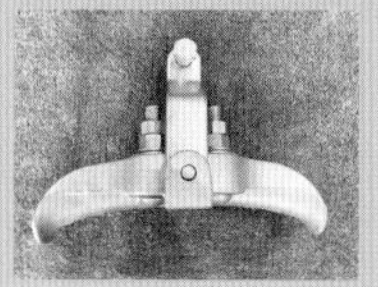

懸垂クランプ

懸垂装置

鉄塔の形状

鉄塔の大きさ

電圧が高くなると、建物や樹木等との距離をとる必要があるため、鉄塔は大きくなります（図1）。

東京電力パワーグリッドでは、用途に応じて66kV、154kV、275kV、500kV、1,000kV（設計）（設計は1,000kVで送電できる設備だが、現時点では500kVで送電している送電線）で電気を送電するため、鉄塔の高さも電圧によって異なります。

鉄塔のカタチ

鉄塔はカタチによって色々な名称がつけられています。主に四角鉄塔、矩形鉄塔、烏帽子形鉄塔、門形鉄塔、ドナウ型鉄塔、鋼管柱鉄塔があります（図2）。

① **四角鉄塔**：最も一般的な形状の鉄塔。鉄塔の断面が正方形になっています。鉄塔の部材に鋼管（鋼管鉄塔）、山形（山形鋼鉄塔）を採用しています。

② **矩形鉄塔**：鉄塔の断面が矩形になっている鉄塔。

③ **烏帽子形鉄塔**：鉄塔の上部が広がったカタチの鉄塔で、超高圧送電線や雪の多い山岳地の1回線送電線に用いられています。

鉄塔は、電圧が高くなると建物や樹木などとの離隔を確保するため、規模が大きくなる。
電圧が 100 万ボルト（1,000kV）になると、鉄塔の高さは 120m クラスになる。

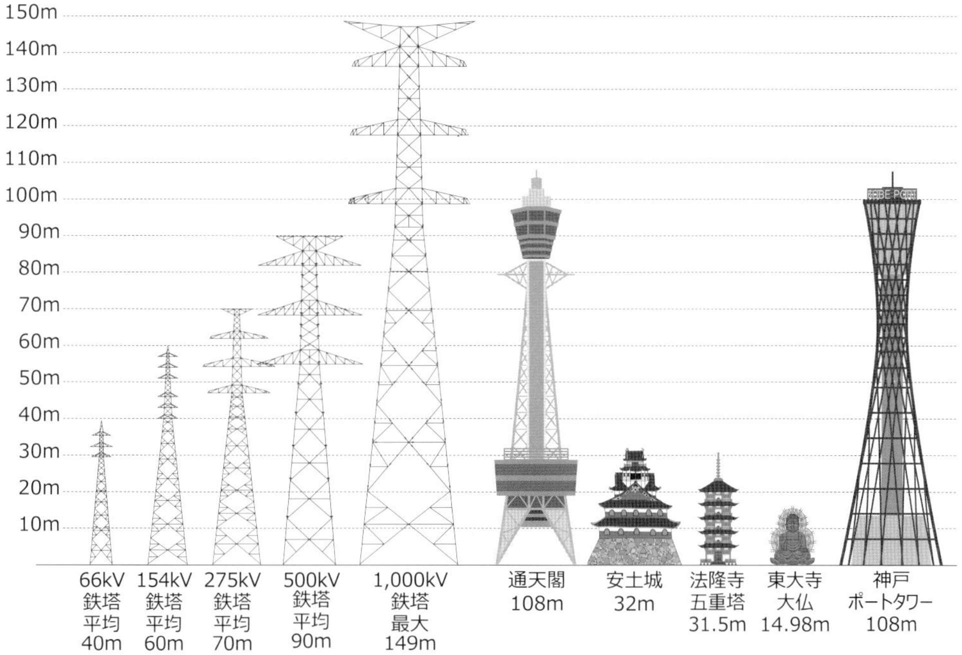

図 1　色々な建造物と鉄塔の高さ

④ **門形鉄塔**：主に電車の軌道敷や水路の上空を活用する際に用いられています。
⑤ **ドナウ型鉄塔**：上部の腕金に 1 条、下部の腕金に 2 条の電線を架線した鉄塔。
⑥ **鋼管柱鉄塔**：狭い土地に鉄塔を建設しなければならない場合や、周辺の環境に配慮する必要がある場合に用いられます。
⑦ **その他（三角鉄塔）**：鉄塔の断面が三角形になった鉄塔。

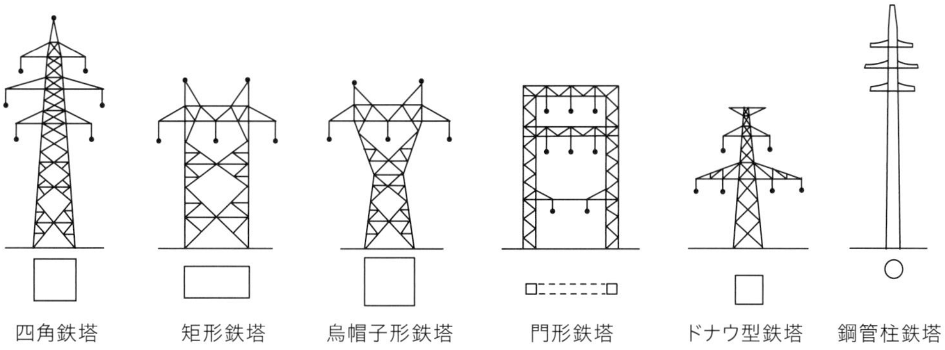

図 2　鉄塔の形状と種類

送電線路の起点・終点、回線番号、支持物番号の付け方

起点と終点

起点と終点の決め方は、以下の通りです。

① 発電所と変電所を結ぶ送電線路は、発電所が起点、変電所が終点

② 発電所に分岐する場合は、発電所が起点、分岐点が終点

③ 変電所に分岐する場合は、分岐点が起点、変電所が終点

④ 発電所相互間または変電所相互間を結ぶ場合は、次によります。

・電気の流れる方向が常時一定している場合は、送電端の発（変）電所が起点、受電端の発（変）電所が終点

・電気の流れる方向が常時一定していない場合は、設備容量の大きい側が起点、小さい側が終点

⑤ 東京を中心に、おおむね環状をなしている線路は、上記によらず、右回りの方向に起点・終点

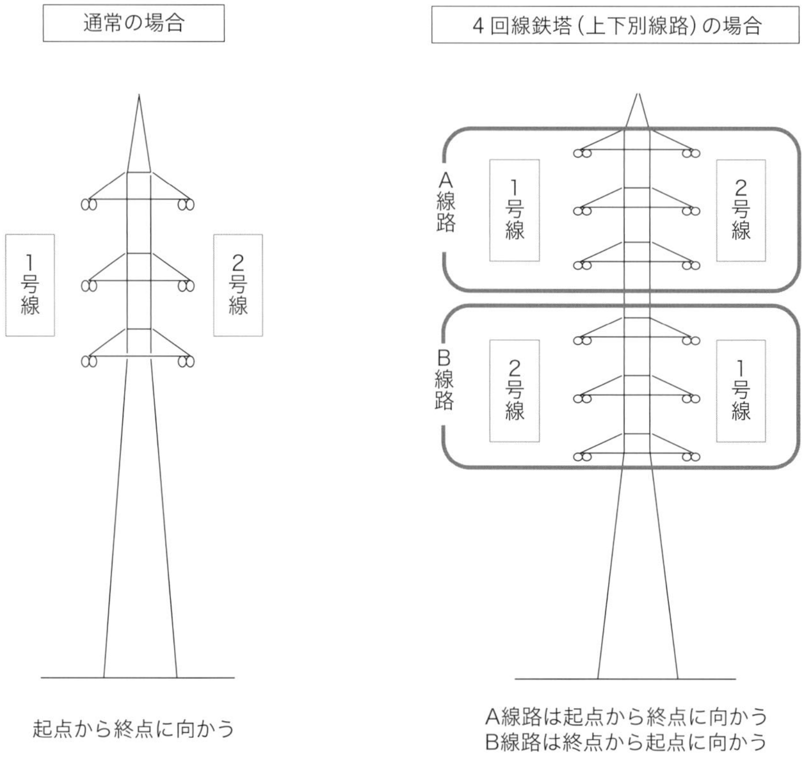

図3 送電線路の起点・終点、回線番号、支持物番号の付け方（回線番号）

回線番号

回線番号の付け方は、基本的に起点から終点に向かい、左から右に1号線、2号線の順に付けます（**図3**）。

支持物番号

支持物番号は、線路別に起点から終点に向かって1番から付けます。ただし、分岐や2ルートに分かれる場合は、番号の頭に「甲」「乙」を各々付けます。また、ルート変更工事や建替工事などにより、支持物基数に増減が生じた場合、増加した場合はＮｏ．◯の1、Ｎｏ．◯の2などの番号を付けます。逆に減少した場合は欠番にします。場合によっては、全区間にわたって番号を変更することもあります（**図4**）。

なお、支持物には、線路名、支持物番号などを明らかにするため、一般用番号札を付けます。建設年月や鉄塔高さも記載しています（**写真 11**）。

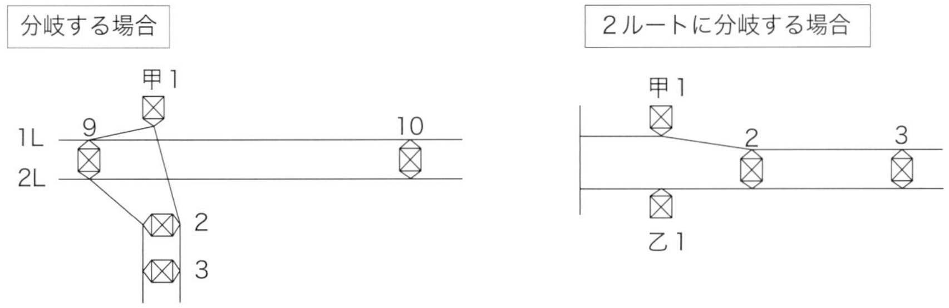

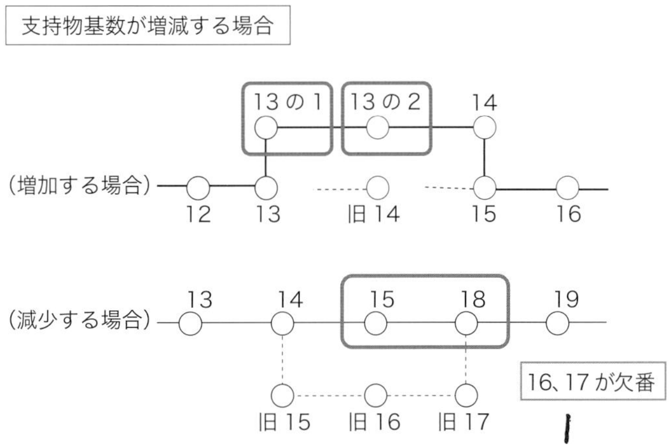

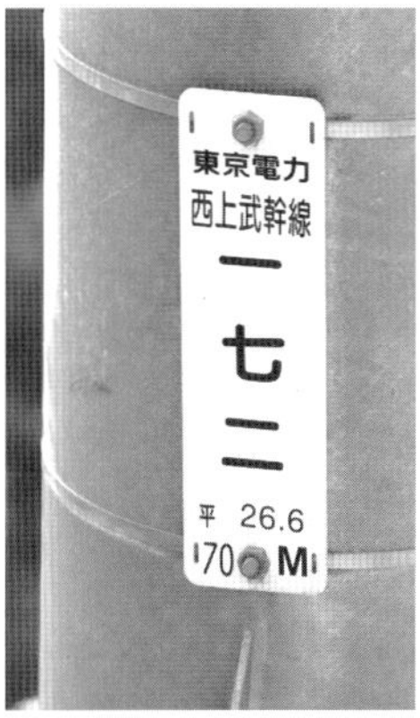

写真 11　一般用番号札

図4　送電線路の起点・終点、回線番号、支持物番号の付け方（支持物番号）

送電線の支持物（鉄塔など）の呼び方

線路方向の呼び方

起点側を「起（点）」、「若（番）」、または「発（側）」、終点側を「終（点）」、「老（番）」、または「変（側）」と呼びます。

支持物の脚、柱などの呼び方

鉄塔などの主脚柱は、起点側の右脚をａ脚として、他の脚は、上から見て右回りに順次ｂ、ｃ、ｄ脚と呼びます。また、脚と脚の間の面を呼ぶ場合は、ａ－ｂ面やｃ－ｄ面などと呼びます（**図５**）。

なお、一般用番号札は、通常起点側ｂ主柱材の線路方向の面（門形柱は、起点Ｂ－ｂ脚）に付けることにしていますが、地形上見にくい場合は上記によらず、巡視路から見やすい面に付けることがあります。

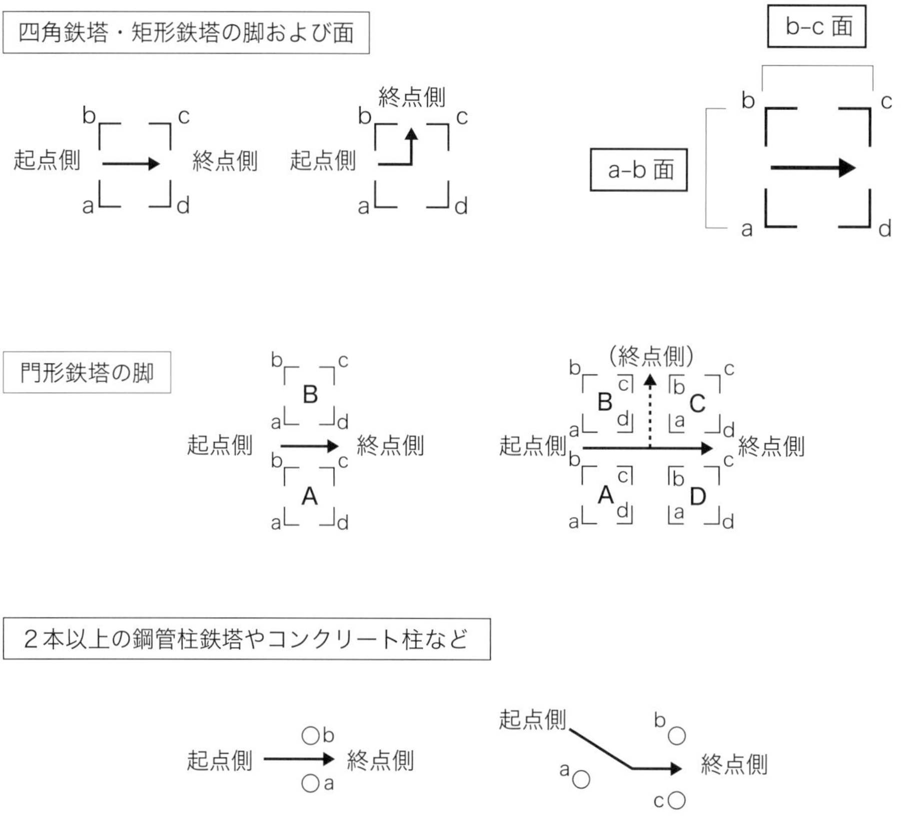

図５　送電線の支持物（鉄塔など）の呼び方（線路方向および支持物の脚、柱などの呼び方）

電線配置の呼称

電線は、上段の腕金に配置されたものを上線または上相やＣ１、中段の腕金に配置されたものを中線または中相やＣ２、下段の腕金に配置されたものを下線または下相やＣ３と呼びます（図６）。

なお、Ｃは（Conductor・本線）の意味で、上から順番に数字を付けて呼びます。また、頂部にある架空地線は、Ｇ（Groundwire・地線）と呼びます。

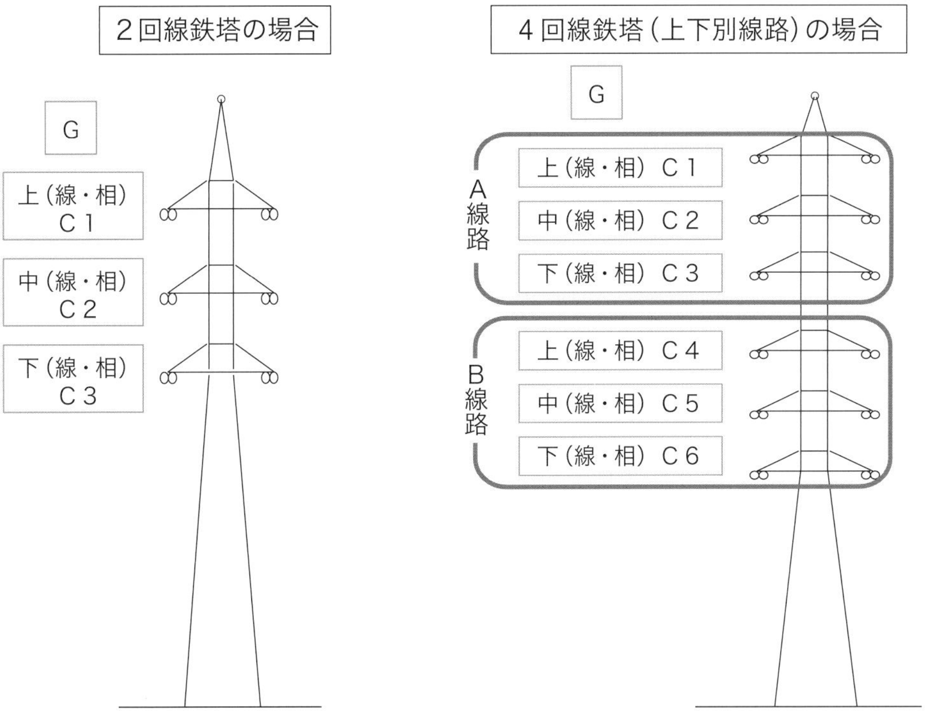

図６　送電線の支持物（鉄塔など）の呼び方（電線配置の呼称）

架空地線の条数の決め方

架空地線は、雷撃から電線を守ることが主な役割ですが、その効果は架空地線と電線との位置関係によって変化します。架空地線と電線とのなす角をしゃへい角（**図7**）といい、この角度が小さくなるほどしゃへい効果が高くなります。

このため、電圧が大きくなる（鉄塔も大きくなる）と、しゃへい角度が大きくなり、架空地線1条では雷から送電線を守ることができません（**図8**）。そこで、しゃへい効果を高めるため、架空地線を2条にする場合があります。架空地線の条数は、線路の重要度、経済性などを総合的に考えて定めています。

航空法への対応

航空法により、地表または水面から60 mを超える鉄塔や電線は、航空障害灯や昼間障害標識（塗色）の設置が必要になります。高い鉄塔に隣接している鉄塔など、周囲の状況により設置を免除される場合もありますが、土台の高さにより設置が必要になる場合もあります。

全体を7等分して、赤白赤白赤白赤で塗り分けられた鉄塔が紅白鉄塔です（**写真12**）。

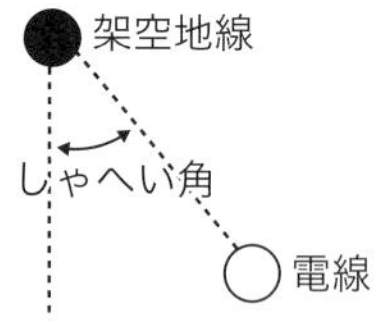

図7　しゃへい角

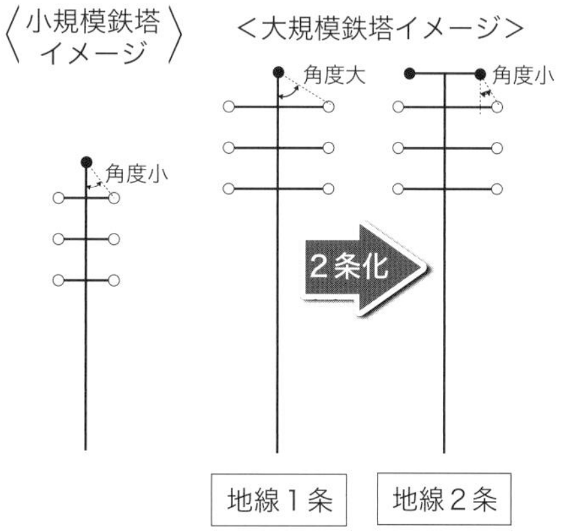

図8　しゃへい効果

写真12　紅白鉄塔

No.3

送電鉄塔ができるまで

No.3 ｜ 送電鉄塔ができるまで

送電設備の建設

送電線の建設工程

まず、全体の流れを**図1**に示します。

① 建設計画
↓
② 調査・設計
↓
③ 物品製造
↓
④ 建設工事
↓
⑤ 完成

図1　建設工程

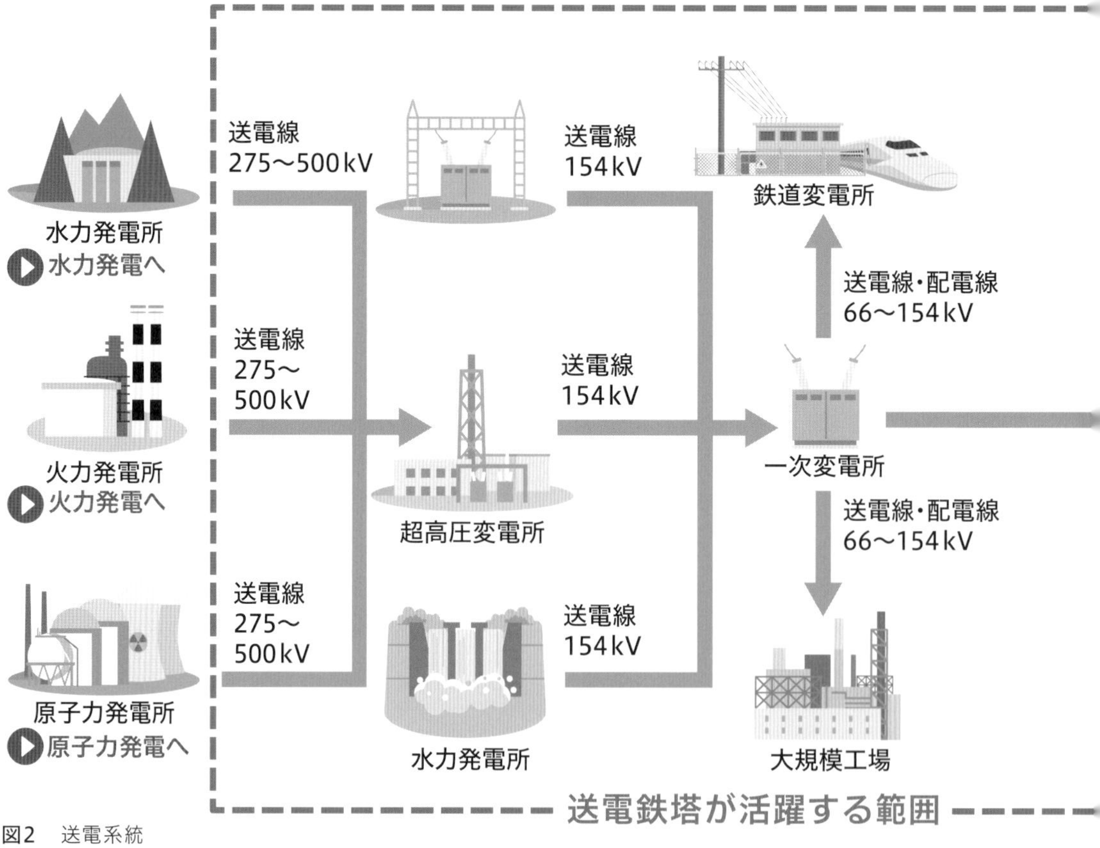

図2　送電系統

送電線の建設計画

（1）建設計画

送電線は初めに、どの地域や町、どこの需要場所（工場や大規模施設）にどれくらいの電力（電圧、回線数、電線の太さ・本数）が、いつまでに必要か、という社会的要請の観点から建設計画が決められます。送電線をどこからどこまで建設するか、つまり起点・終点となる発電所または変電所、あるいは既に存在する直近の送電線からルートが選定され、合わせて電圧と送電容量、ならびに送電（運転開始）する時期が決定します。超高圧送電線など基幹系統の大型幹線工事では、将来を見通して、10 年以上先の電力需要と送電系統全体（図2）の状態を想定して計画します。

送電線の建設には、鉄塔と電線が数多くの所有者の土地、そして、その上空を通過して施設することになるため、計画決定後は用地の確保から始まります。現地の調査・設計、工事の期間まで含めると、計画から完成までの所要期間は、比較的規模の小さいものでも数年を要し、大規模送電線になるほど相当な期間を費やします。

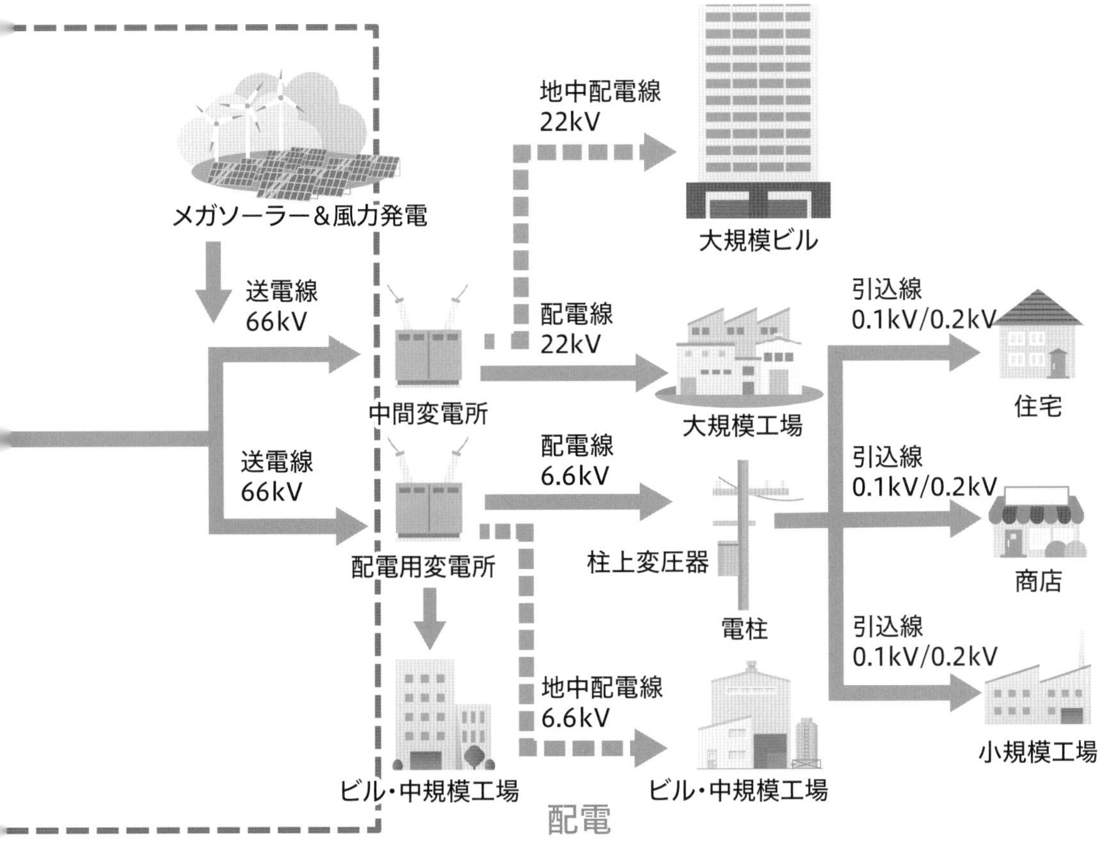

(2) 現地・ルート選定

送電線のルートは、計画される地域の社会・自然環境に配慮しながら、地形図や航空写真などを参考にして、複数の案から経済性や実現性を比較・絞り込みを行い、対象地域に国立公園や保安林など、環境的・法的な規制や条件も含めて広範囲に調査を行い、選定します。

(3) 工事方法の検討

建設工事の種類は、新たに送電線を建設する「新設工事」と、既に存在する送電線の送電容量アップや、設備の経年化、地域開発の進展など諸事情により改修の必要性が生じた場合の「建替工事」があります（**写真1**）。

建替工事において、鉄塔を元の位置で建て替える際に、送電線の予備回線も含めた全ての停止が必要となることから、特殊工法や他の送電線からの切り替え送電が不可能な場合は、仮の鉄塔を建設して迂回ルートを確保する「仮工事」が必要になります。

【新設工事】
新たなルート確保が必要

【建替工事】
既存ルートによる元位置建替と新たなルート確保による別位置建替で実施

【建替工事（仮工事）】
新たなルート確保が困難で、特殊工法や工事期間中の送電線停止ができない場合に実施
※仮ルートの役目を終えると除却

写真1　工事方法

送電線の調査・設計

送電線の鉄塔位置が決定し、現地の測量・調査データが揃った段階で、送電線路とそれをつなげるために必要な基数の鉄塔設計を進めていきます（図3）。

① 鉄塔建設場所の決定

現地調査・鉄塔位置選定

② 鉄塔種類の決定

鉄塔型の種類・電線支持方法の選定

③ 鉄塔高さの決定

縦断設計

④ 鉄塔基本形状の決定

鉄塔の形状検討

⑤ 鉄塔設計

鉄塔に加わる荷重の設定・骨組形状と部材の決定

⑥ 鉄塔基礎種類と形状の決定

地質と鉄塔の荷重から基礎の形を決定

⑦ 鉄塔基礎設計

基礎の構造設計

設計完了

図3　送電線の設計手順

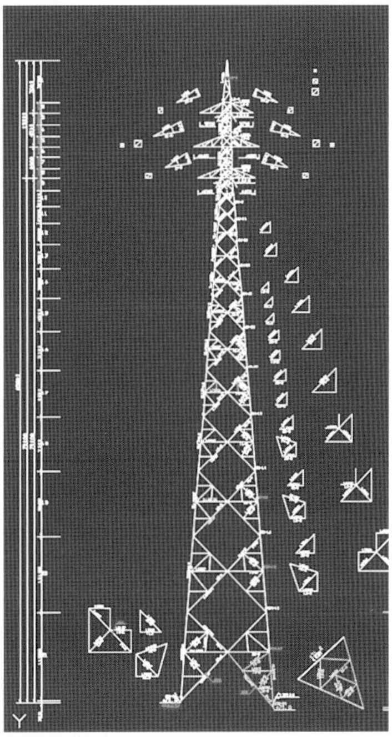

鉄塔構造図

(1) 鉄塔建設場所の決定

① 現地調査

計画時に概ね定めた送電線ルートについて、現地の周辺環境の調査を進めながら、鉄塔の候補位置を検討します。鉄塔位置が定まった段階で土地の取得準備を行い、確定後は測量により詳細な位置や地形、次の鉄塔までの距離や方向の角度などを測るほか、ボーリング調査により地質も調べます。

現地調査

写真 2　直線に並ぶ送電線　(a) 154kV 猪苗代旧幹線　(b) 500kV 新いわき線

② 鉄塔位置選定

鉄塔の位置は、なるべく平坦な地形で、工事と建設後の保守メンテナンスのことも考慮して選定します。送電線のルートは、鉄塔への荷重をできる限り低減するため、直線を目指し、鉄塔から次の鉄塔までの距離（径間長）は、規模や立地条件などに応じてバランスの良い標準的な間隔にします（**写真2**）。径間長の目安として、その送電線路の平均的な径間長を設計上の標準径間長として定めます（**図4、写真3**）。

降雪による電線跳躍時の接触を防ぐため、腕金の長さを同一垂直線上に並べず、水平間隔を設けています。この水平間隔をオフセットといいます（**写真4**）。

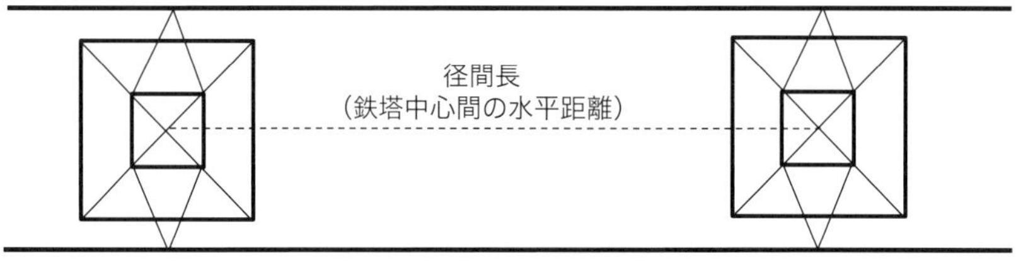

電圧（kV）	標準径間長（m）
66,154	250〜350
※275,500	400〜450

※は参考

図 4　標準径間長

腕金の長い鉄塔　(a)、(b) 275kV 中東京幹線

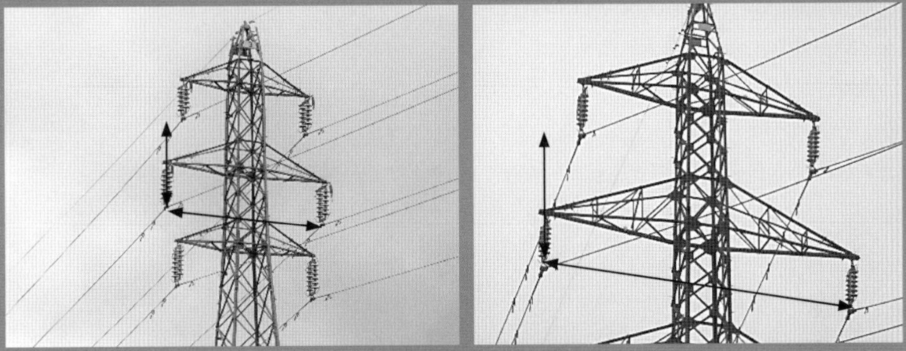
標準径間長用（標準の線幅と装柱間隔）　長径間長用（拡大線幅・装柱間隔大）

長径間：標準径間の 2 倍または 600m を超えるものを長径間とし、大型河川横断や山間部など立地的制約条件のある箇所に用いる。

写真 3　経間長と間隔

オフセットあり（標準）　オフセットあり（大）　オフセットなし（狭線間・耐張）　オフセットなし（狭線間・V吊り懸垂）

写真 4　オフセット

(2) 鉄塔種類の決定

【鉄塔型の種類】(標準型、特殊型)

一般的な形状の「標準型」と、送電線路の分岐や発変電所への引き込みなど、標準型が使用できない箇所に用いる「特殊型」に分類されます(**図5**)。

【電線支持方法の選定】
(懸垂型、耐張型)

鉄塔の水平角度の有無で、電線の支持方法(「懸垂型」または「耐張型」)が決まります(**図6**)。

水平角度は大きくなるほど鉄塔に加わる荷重が増え、これに耐える強度が必要となり、部材も太く重くなります。

【標準型】

懸垂型
- 直線鉄塔
- 角度鉄塔

耐張型
- 直線鉄塔
- 角度鉄塔
- 引留鉄塔
- 保安鉄塔

● 碍子装置による分類

懸垂型…懸垂碍子装置を用いる鉄塔
耐張型…耐張碍子装置を用いる鉄塔

● 設計条件による分類

直線鉄塔…電線路の直線部分に使用されるもの
角度鉄塔…電線路に水平角度がある箇所に使用されるもの
引留鉄塔…全部の電線を引き留める箇所に使用されるもの
保安鉄塔…電線路の直線部分において電線路の補強のために使用されるもの

【特殊型】

標準型が採用できない箇所に適用する特殊な形状や設計によるもの

四角鉄塔

矩形鉄塔

烏帽子形鉄塔

門形鉄塔

ドナウ型鉄塔

鋼管柱鉄塔

図5 鉄塔型の種類

＜水平角度＞

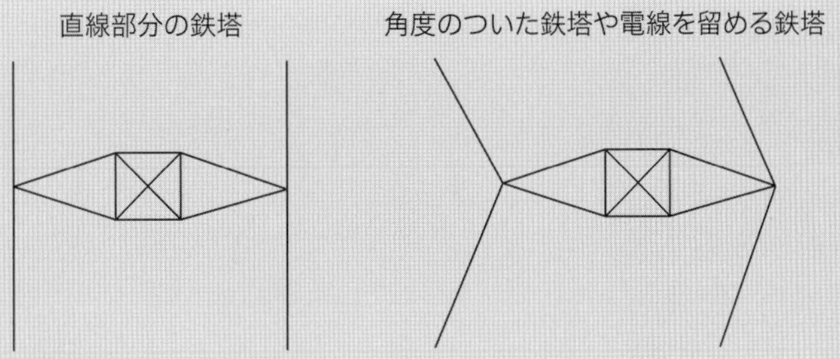

記　号	設計水平角度	使用区分
A	0°～5°	懸垂直線型
M	10°以下	耐張角度型
B	15°以下	耐張角度型
F	25°以下	耐張角度型
C	35°以下	耐張角度型
G	45°以下	耐張角度型
K	60°以下	耐張角度型
R	90°	耐張角度型 （2等分角据付き）
D	0°	耐張引留型
DR	90°	耐張引留型 （正対据付き）

鉄塔形状	記号
矩形鉄塔、水平配列形鉄塔	H
門形鉄塔（ガントリー形鉄塔）	G
三角配列形鉄塔	△
鋼管単柱	Q
段違い分岐形鉄塔	U
ねん架形鉄塔	N
都市型鉄塔	Qc

＜RとDRの違い＞

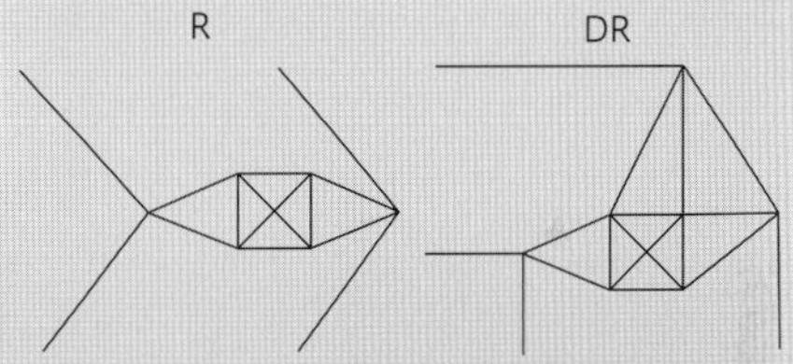

＜電線の支持方法＞

懸垂鉄塔：I吊り

懸垂鉄塔：V吊り

懸垂型の碍子装置を使用して電線を保持する鉄塔。V吊りは線路方向の移動を制限する。

耐張鉄塔

耐張型の碍子装置を使用して電線を引き留め、前後の電線をジャンパ線で結ぶ鉄塔。

図6　水平角度と電線の支持方法

直線部分の鉄塔（水平角度0度（またはわずかな角度））は、懸垂型（電線を吊っている）で、角度のついた鉄塔や電線を引き留める鉄塔などは、耐張型（電線を引っ張っている）です。ただし、以下の場合は、直線の鉄塔であっても耐張型を適用します。

- 前後鉄塔の高低差（引き上げ・引き下げ）が大きい場合
- 電線を引き留める箇所、または前後径間の電線張力が異なる場合
- 懸垂鉄塔が10基以上連続する場合に、10基以下ごとに1基は保安上の耐張型を適用
- 電線幅が狭い、狭線間タイプの鉄塔を採用時に耐張型を用いる場合

（3）鉄塔高さの決定

【縦断設計】

電圧の高い送電線を安全に施設するために、鉄塔によって電線の高さを地面から一定程度確保する必要があります。そこで重要なのは、電線の「たるみ」です。このたるみの大きさを、「弛《ち》度《ど》」と呼び、弛度を適切に設定して電線を張ることで、電線の地上からの高さが決まるため、弛度は鉄塔の高さを決定するための大きな要因となります（No.6もっと！送電鉄塔を参照）。

また、弛度は鉄塔間の電線を引っ張る強さ「張力」により大きく変化するほか、電線はアルミ等の金属質のため、外気温の変動や電流が多く流れることで起こる、温度上昇に伴う膨張伸縮の影響も電線の地上高の設定に考慮します。たるみを小さくすれば鉄塔は低くなりますが、そのためには電線の張力を大きくする必要が生じるため、鉄塔や電線へ掛かる荷重が増加してしまいます。

（4）鉄塔基本形状の決定

【鉄塔の形状の決め方】

① 電線配列の決定

必要な回線数、地域環境条件を考慮して選定します。標準的配列は垂直2回線です。

鉄塔の形状は、まず一般的な四角鉄塔の適用を前提として考えます。そのうえで電線配列と周辺環境や立地条件などを考慮して、烏帽子形やドナウ型などを選定する場合があります（図7）。

② 電線の水平間隔・垂直間隔（電線同士の接触防止）（図8）

風による電線の横振れの検討や、着雪によるスリートジャンプ、オフセットについて検討します。

③ 腕金の取り付け位置と形状（絶縁距離の確保）（図8）

碍子装置やクリアランス（必要な間隔）の検討をします。懸垂ではV吊り装置、耐張では支持碍子、プレハブジャンパ（あらかじめ精密に測定・計算して求めた長さにプレハブ計尺し、マーキングして製造したジャンパ）の採用も含め、絶縁距離を確保します。

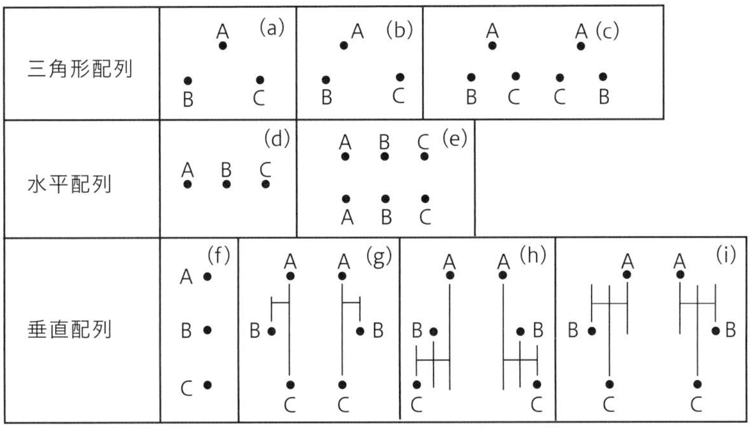

垂直配列時(g)、(h)、(i)はオフセットを設けたもの　•電線3本で1回線

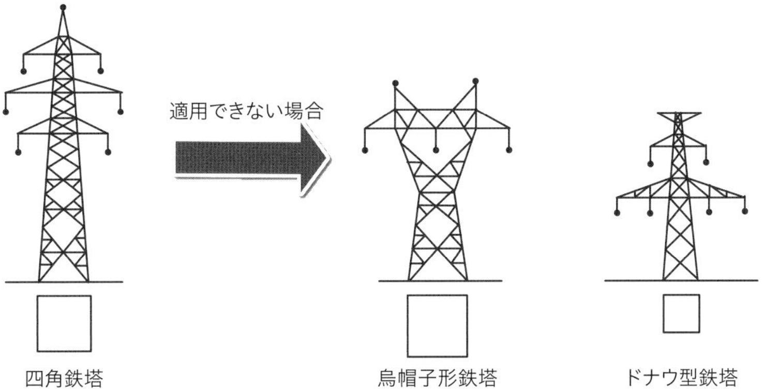

図7　電線の配列

鉄塔の首上の垂直間隔と腕金幅は、
電気設計と安全離隔検討によって決める
・強風による電線横振れで電気事故を起こさない
・着雪によるスリートジャンプで電気事故を起こさない
・昇降塔時に所定の離隔を確保する

〈必要な検討〉
・風の息、風の横振れ、クリアランス
・スリートジャンプ
・安全距離検討、上下回線の離隔

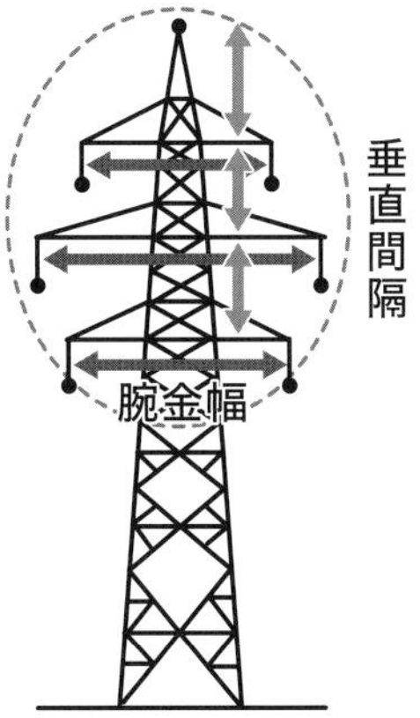

スリートジャンプとは
氷雪が電線に付着すると弛度が増加するとともに不揃いも発生し、電線が接近し過ぎたり、氷雪の落下により、電線が跳躍（スリートジャンプ）して接触するおそれがあるので、氷雪の付着する地方を通過する送電線は、電線の配置にオフセットを設けて防ぐようにしている。

図8　電線の水平・垂直間隔と腕金幅

④ 地線の位置・条数 (雷のしゃへい角の検討)　No.2 基礎知識 図 8 参照

⑤ 根開き (脚の幅)

縦断設計により決定した鉄塔の高さに応じて、根開きを設定します。基本的に鉄塔の水平角度が大きい場合や、所定の荷重が大きい場合は、根開きを広げると経済的です（**図9**）。

最も経済的なのは、鉄塔主材と腹材の重量が同一の鉄塔。同一荷重に対して根開きが大きいと主柱材に働く応力が小さくなり、主柱材重量は軽くなるが、腹材は長くなり、重量が増加する。反対に、根開きが小さければ主柱材は重くなり、腹材は短く軽くなる。

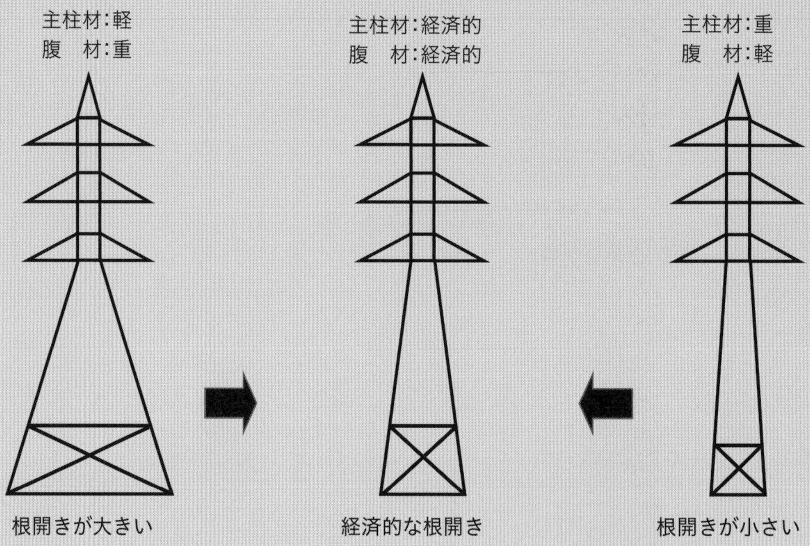

根開き(B)
- 標準根開き：B/H＝1/4.0～1/7.0
  懸垂、軽角度鉄塔で塔高：40mなら
  根開き：5.8m程度(1/6.9)が理想
- 懸垂、軽角度鉄塔 ⇒ 根開きが狭い(→1/7.0)
  重角度θ＞30°、引留鉄塔 ⇒ 根開きが広い(→1/4.0)

根開きが狭いと…
- 塔体の剛性が小さくなり、設計荷重に対して鉄塔の変形が大きくなる
- 用地事情などで鉄塔敷地が狭く、狭根開き鉄塔とする場合には、設計裕度(安全率)を上げる必要がある

※山間地など、起伏のある箇所や斜面では、4脚同じ長さではなく、斜面下側に高さを調整する片継脚を適用している

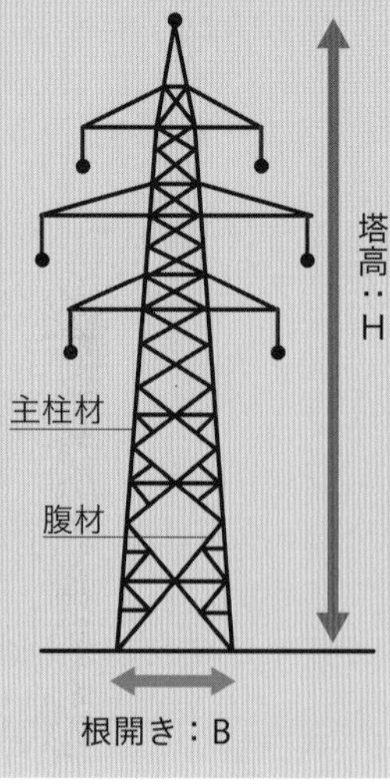

図 9　根開き

(5) 鉄塔設計（骨組形状と部材・ボルトの決定）

【鉄塔に加わる荷重の設定】

鉄塔の形状が決まったら、鉄塔に加わる様々な荷重を設定して鉄塔の設計を行います。設計は、鉄塔の形状と使用する電線の架設形態に応じた設備自体の要因と、立地する自然環境の影響から想定される風雪などの外的要因から作用する全ての荷重を集約して、鉄塔全体に加わる荷重を求めます（図 10)。

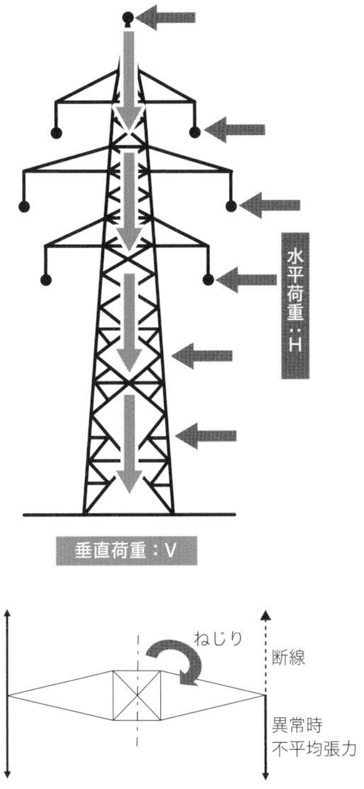

垂直荷重：V

a．物の重み（質量）⇒ 固定荷重
- ・鉄塔
- ・付帯設備
- ・碍子装置
- ・架渉線（地線と電線）

b．張力によるもの
- ・垂直角度荷重

水平荷重：H

a．風によるもの（風圧荷重）
- ・鉄塔（塔体および腕金）
- ・付帯設備
- ・碍子装置
- ・架渉線（地線と電線）

b．架渉線張力によるもの（張力荷重）
- ・水平角度
- ・架渉線張力
  - ・引留型 、直角型に生ずる
- ・常時不平均張力
  - ・不平均張力型に生ずる

※前後の電線張力が異なる場合に考慮する
※上記は全て常時 (通常運転時) に加わる荷重

c．異常時（断線時）に上乗せされる荷重
- ・異常時不平均張力
- ・ねじり力

図 10 鉄塔に加わる荷重

【鉄塔の設計（骨組と部材・ボルトサイズの決定)】

各種の荷重を集約して、鉄塔を構成する各部材に生じる応力を求め、これに耐えうるよう、1つ1つの部材とボルトを照査して強度を満足するサイズを選定し、鉄塔の構造図（設計図）ができ上がります (図 11)。

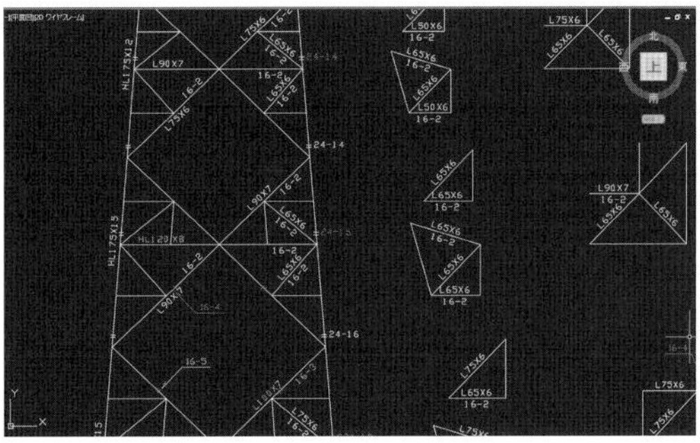

図 11 鉄塔構造図

1965 年頃は、全て手計算で設計

を行っていましたが、現在は汎用PC上で動作する専用プログラムで設計しています。

図12に鉄塔の構造、**図13**に各部名称を、**図14**に構造の種類、**図15**に腕金の形状を示します。

2回線鉄塔

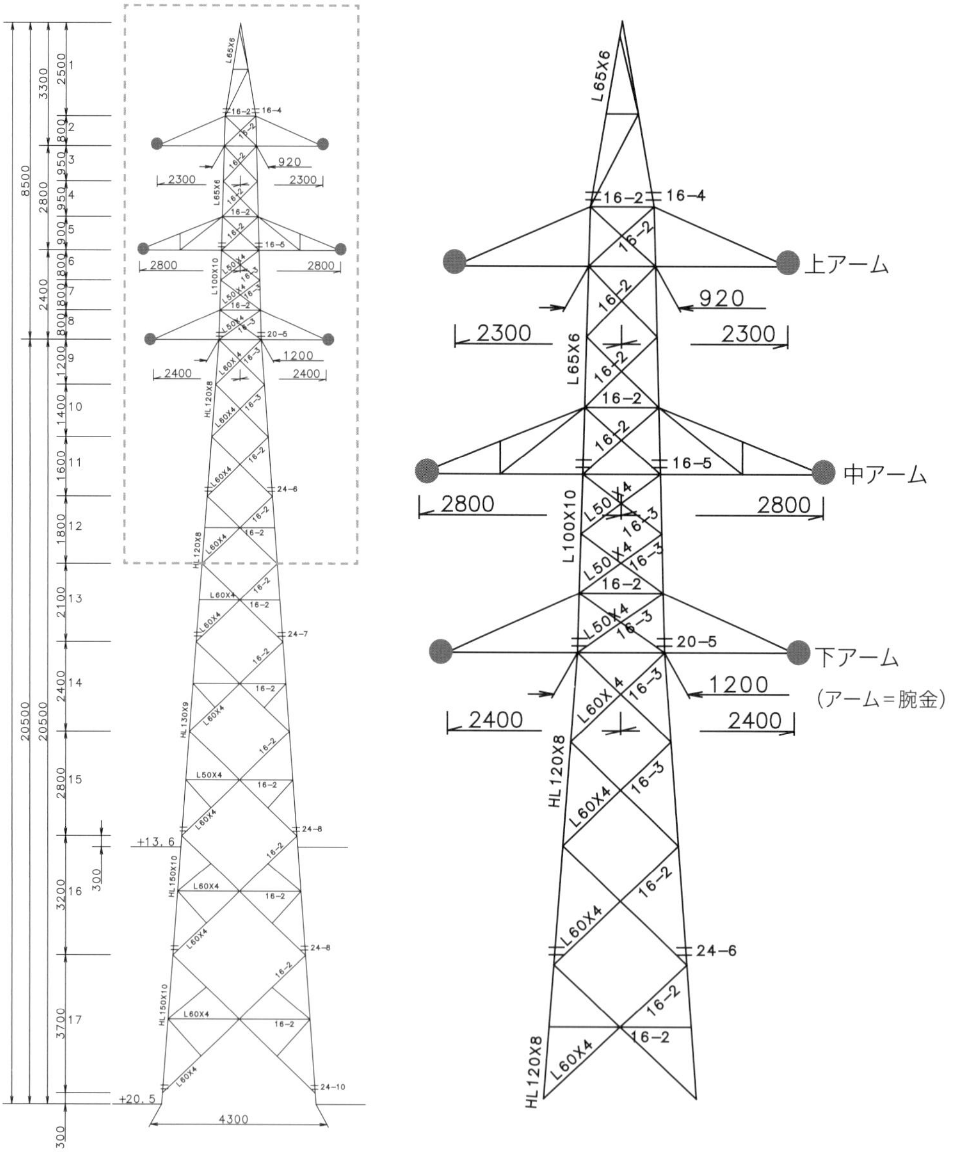

図12　鉄塔構造

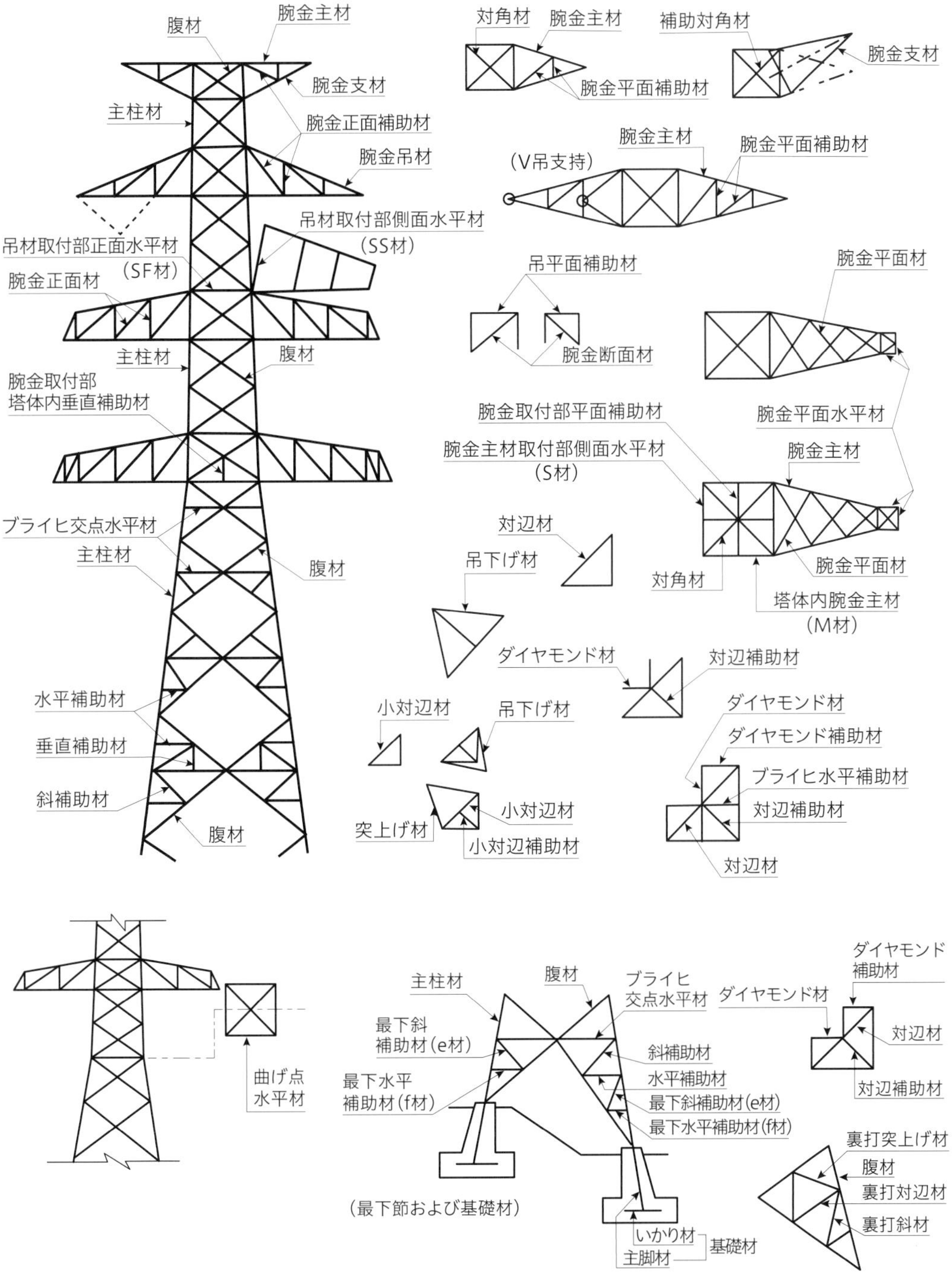

図 13　鉄塔部材の呼び名

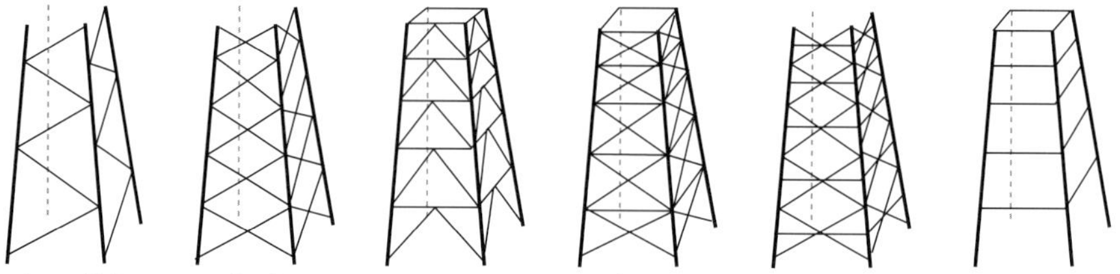

- シングルワーレン・・・ 鉄柱、鉄構、鋼管鉄塔の首上部
- ダブルワーレン・・・ 鉄塔の首上部、幅の狭い首下部（シングルワーレンと比較して応力は半分）
- ブライヒ結構・・・・・ 現在最も多く使用されている骨組み構造
  66kVからUHV送電線に至るまで、ほとんどの鉄塔でこの構造を使用
  各鉄塔とも、主に塔体中間部より下部に用いる
  鉄塔設計の第一人者である堀貞治氏（1900～1993年）が、1941年に考案・開発
  他の構造と比較して、経済性と安全性（強度、耐久性）に優れている

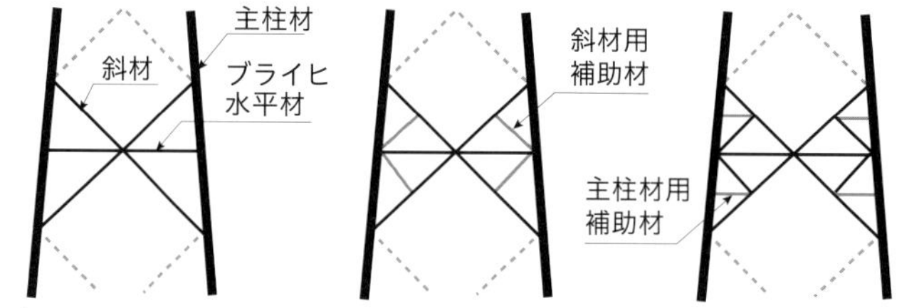

ブライヒ結構の基本

やや大型の鉄塔
斜材用補助材を設けることで斜材を太くすることなく強度を上げることができる

大型の鉄塔
さらに主柱材用補助材を設けることで主柱材の強度を上げることができる

図 14　構造の種類

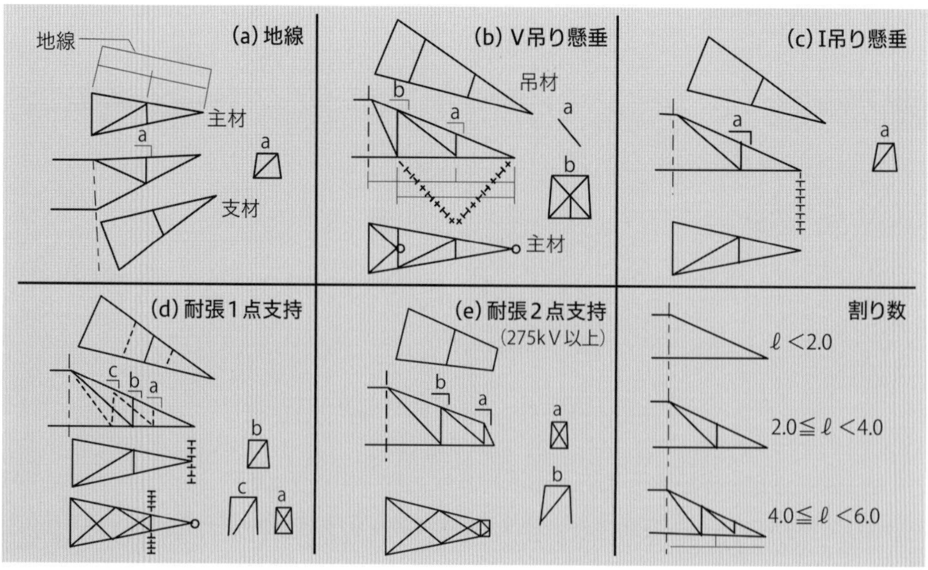

図 15　腕金の形状

(6) 鉄塔基礎種類と形状の決定

【地質と鉄塔の荷重から基礎のカタチを決定】

鉄塔設計から求められた基礎に加わる荷重データと地盤条件、用地上と周辺環境の条件、施工条件、これらに加え、経済性などを総合的に判断して、基礎の種類を選定します（図16）。

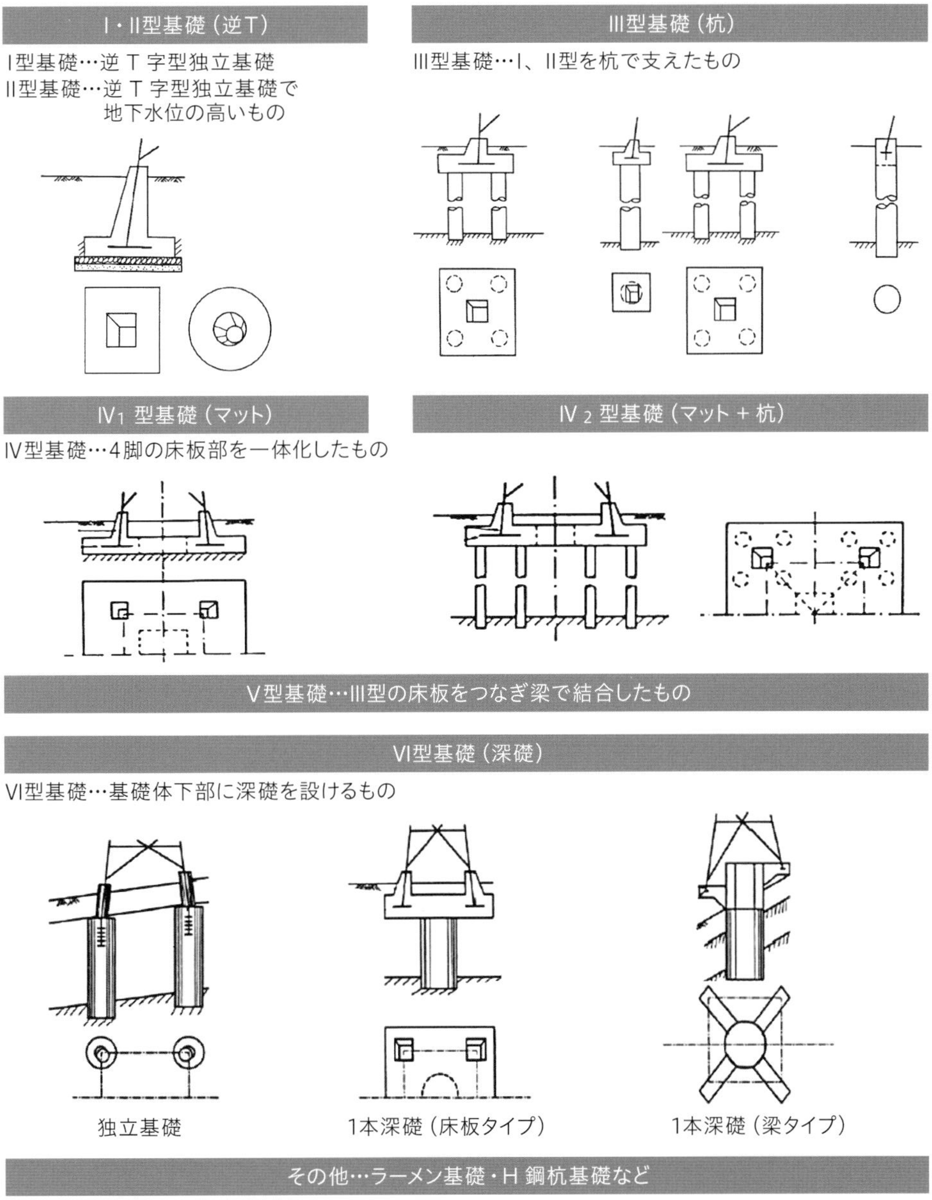

図16 基礎の種類

(7) 鉄塔基礎設計

【基礎の構造設計】

基礎体・杭体の構造設計を実施し、基礎配筋図が完成します（**図 17**）。これでようやく送電線の設計が完了です。

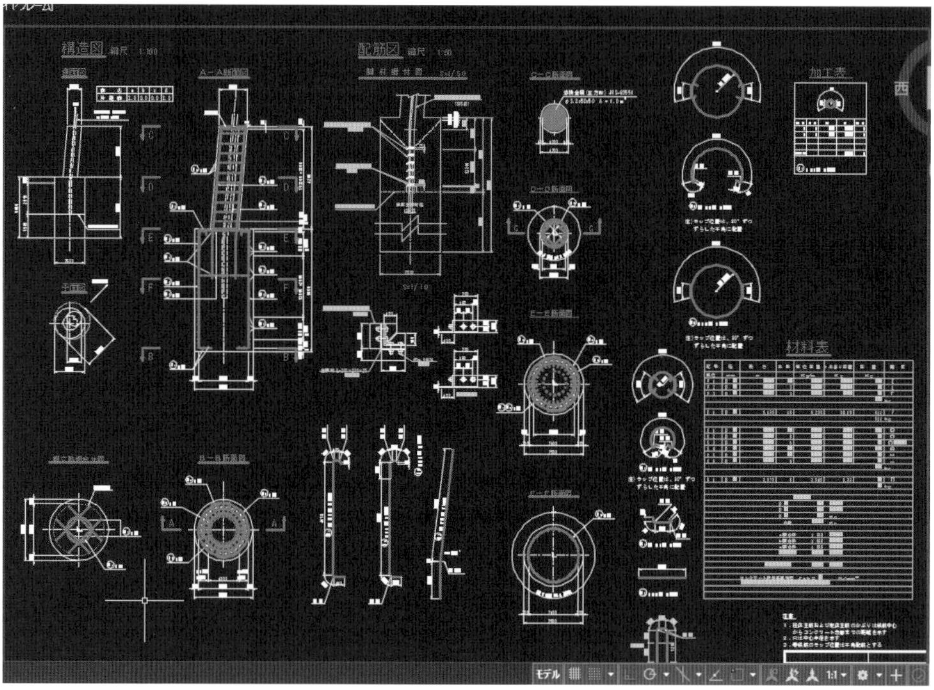

図 17　基礎配筋図

送電線の物品製造

(1) 鉄塔材の製造

鉄塔設計時における各種条件により、構造や使用する部材サイズを決定した鉄塔構造図「スケルトン図」から、実際に建つ鉄塔の詳細な図面になる「組立図」を描きます（**図 18**）。この組立図の現寸データにもとづくバーチャル検査により、仮想空間内で部材を組み合わせて不具合の有無を確認後、実際の製作工程に移ります。

工場では部材の１つ１つに機械加工や曲げ加工を加えて、熟練の技による手加工も行い、広大な敷地に鉄塔部材を仮組みして機能を確認後に解体し、単品ごとに亜鉛めっきや紅白鉄塔などは塗装も施し、部材・ボルトが仕分けされて工事現場へ納入されます（**図 19**）。

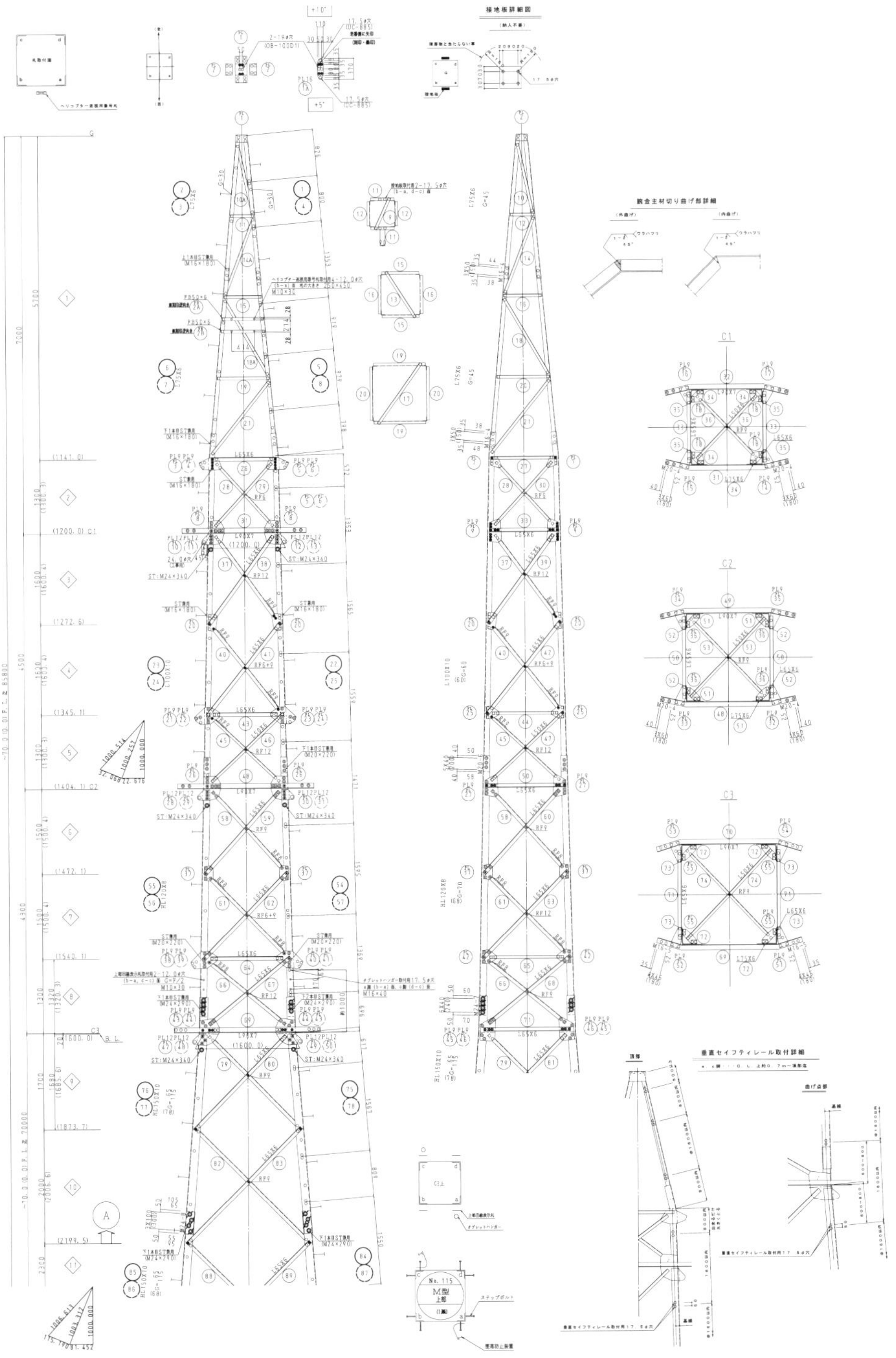
接地板詳細図
腕金主材切り曲げ部詳細
(外曲げ)
(内曲げ)
C1
C2
C3
垂直セイフティレール取付詳細
No. 115
M型
上部
ステップボルト

図 18　組立図

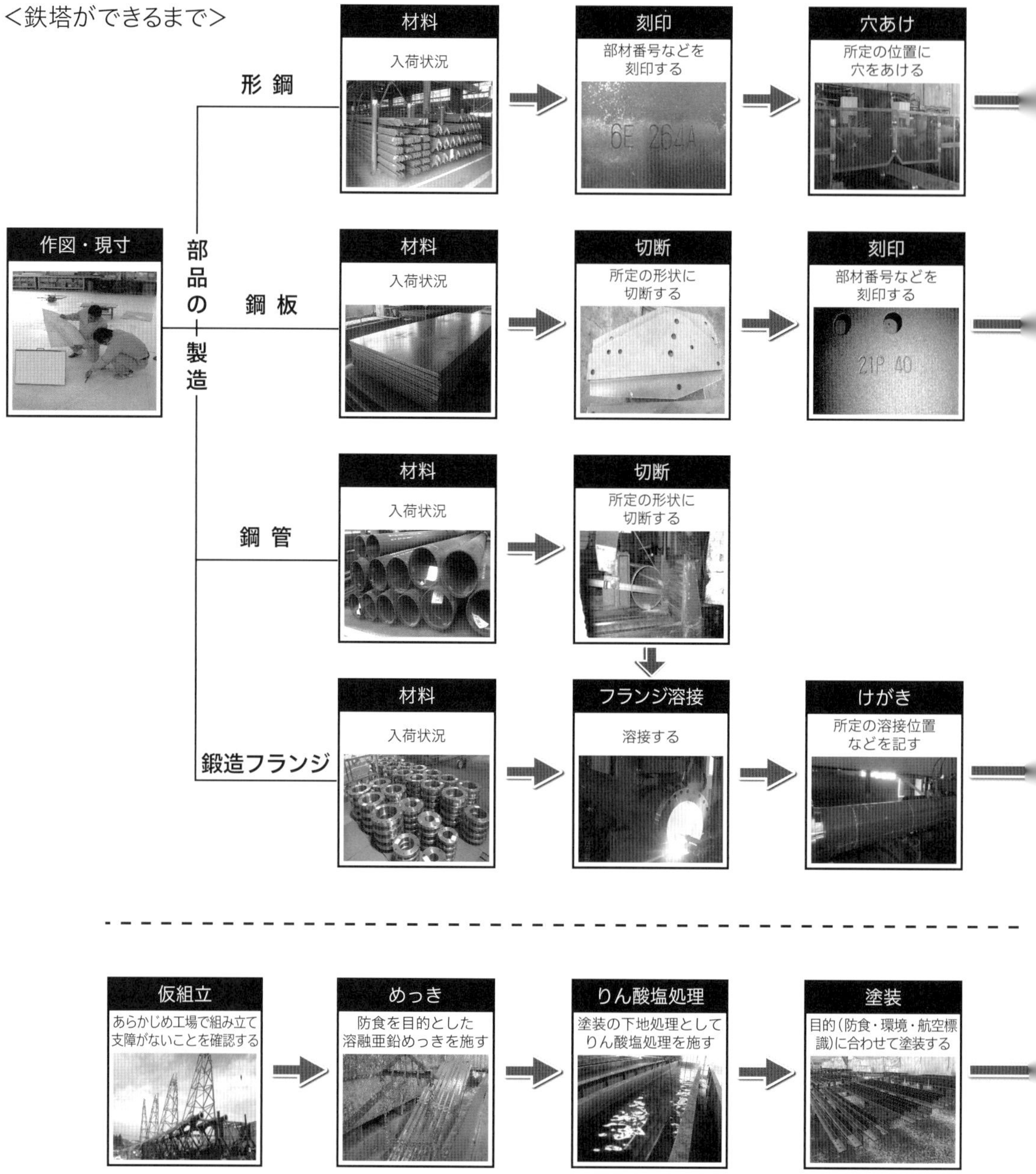
＜鉄塔ができるまで＞
作図・現寸
部品の製造
形鋼
材料
入荷状況
刻印
部材番号などを
刻印する
6E 264A
穴あけ
所定の位置に
穴をあける
鋼板
材料
入荷状況
切断
所定の形状に
切断する
刻印
部材番号などを
刻印する
21P 40
鋼管
材料
入荷状況
切断
所定の形状に
切断する
鍛造フランジ
材料
入荷状況
フランジ溶接
溶接する
けがき
所定の溶接位置
などを記す
仮組立
あらかじめ工場で組み立て
支障がないことを確認する
めっき
防食を目的とした
溶融亜鉛めっきを施す
りん酸塩処理
塗装の下地処理として
りん酸塩処理を施す
塗装
目的（防食・環境・航空標識）に合わせて塗装する

図19　鉄塔の製作工程

No.3｜送電鉄塔ができるまで

切断
所定の長さに
切断する

→

背はつり
山形鋼の背を
削り落とす

→

耳切り
部材端の角を
切り欠く

→

曲げ
所定量の曲げを
加える

穴あけ
所定の位置に
穴をあける

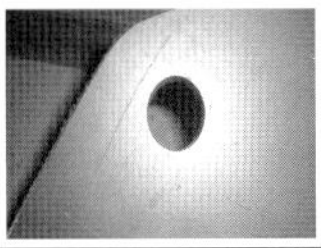

→

曲げ
所定量の曲げを
加える

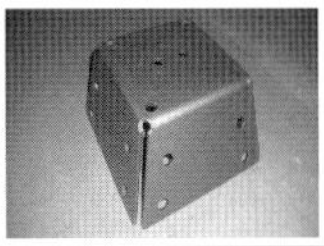

→

開先
溶接のための
開先加工を加える

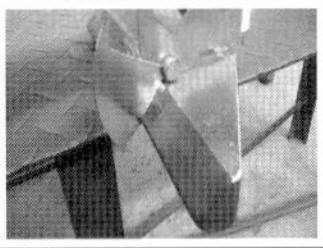

組立溶接
所定の場所に
仮溶接する

→

本溶接
本溶接する

仕分け
部材明細表にしたがって
部材を集め区分する

→

整品
外観確認し
墨印を押す

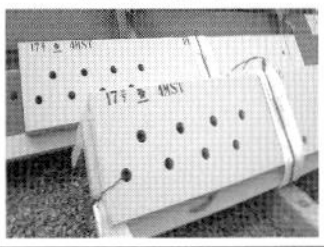

→

梱包
同程度の部材を
結束する

→

出荷
トラックに載せて
現場まで運搬する

出典：（株）デンロコーポレーションの資料をもとに一部改編

(2) 碍子の製造

碍子は、通常の焼き物と同様に様々な原料を混ぜ合わせて練り上げ、形を整えて高温で焼き固めることによりつくられます。製品ごとの性能を均一にするため、厳しい工程管理をしながら製造されます (図 20)。

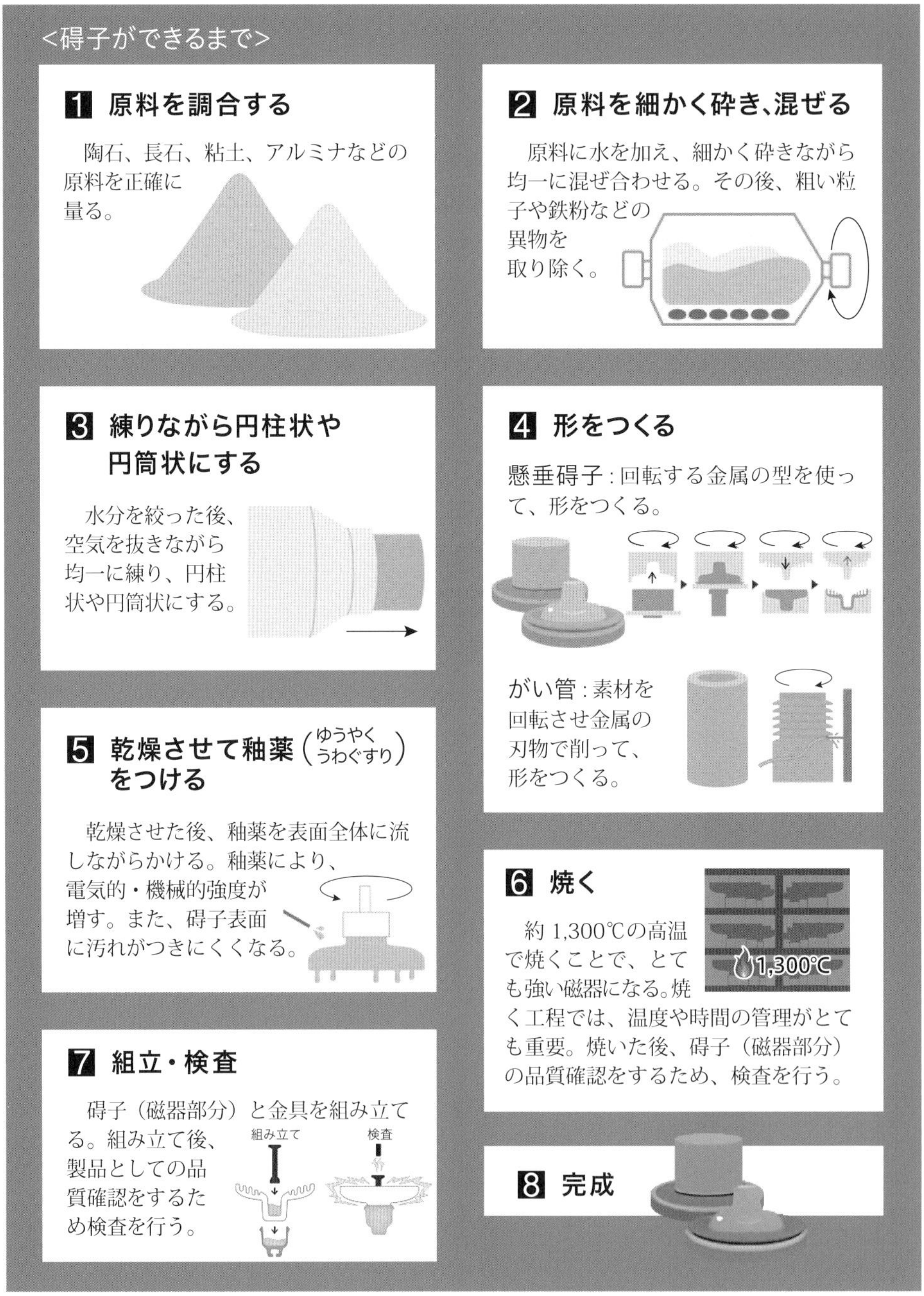

図 20　碍子の製造工程　出典：日本ガイシホームページ「がいしとは／磁器製がいしの作り方」をもとに一部改編

(3) 電線・地線の製造

電線・地線はメーカーへ発注時点で、電線工事の計画にもとづいてドラム当たりの電線の長さを求めて必要数を指定します。工場では必要条長数を巻き取り、現場へ納入します（次ページ図 21）。

(4) 付属品の製造

送電線を構成する部品としては、鉄塔と碍子を連結する碍子金具や碍子と電線、鉄塔と地線を連結する架線金具などもあります（図 22、23）。

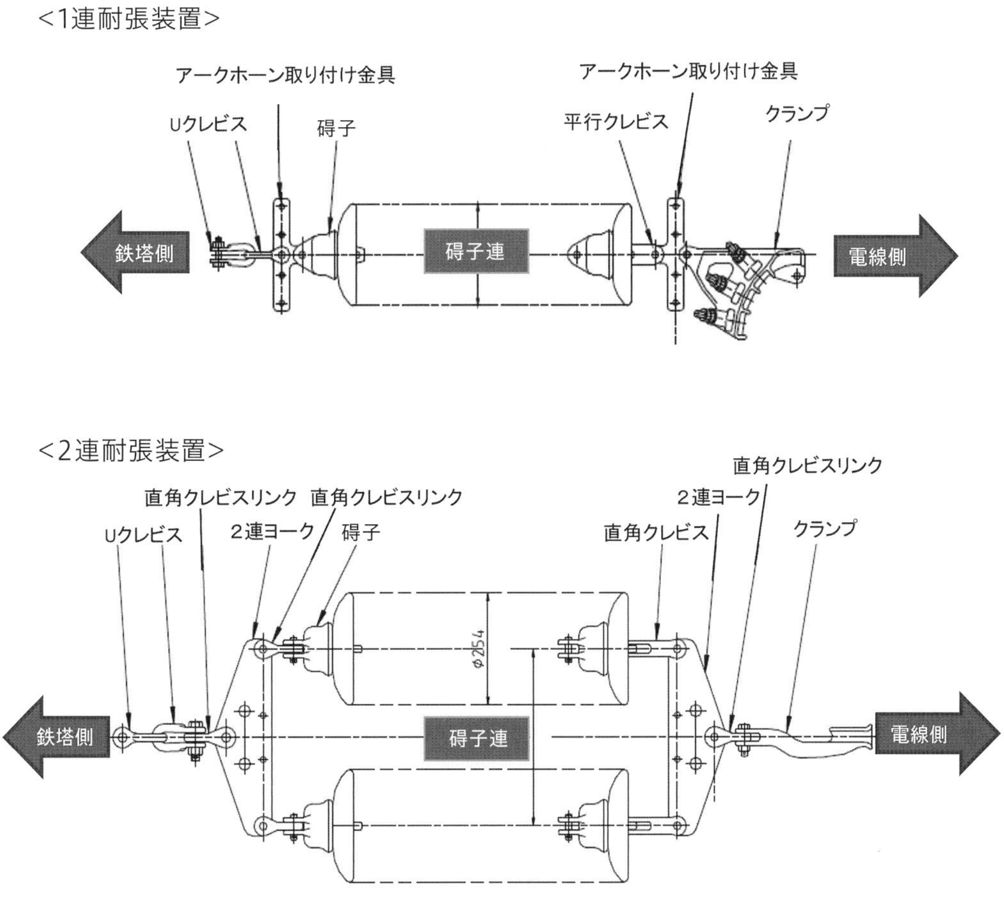

図 22　鉄塔－碍子－電線をつなぐ金具類の一例

<裸線ができるまで>

裸線には銅とアルミがあり、断面の形状によって丸線、平角線および異形線がある。材質には硬質、半硬質および軟質、構造としては単線およびより線など多くの種類がある。

種類によって製造工程は異なるが、一般に次に示す工程あるいは一部を除いた工程を経て製造される。

〈銅線の場合〉

電気銅→溶解・鋳造・圧延→荒引線→伸線→焼鈍→すずめっき→より線

〈アルミ線の場合〉

電気用アルミ→溶解・鋳造・圧延→荒引線→伸線→熱処理→より線

1 荒引線の製造法ー連続鋳造圧延法

・銅荒引線

電気銅の溶解・鋳造・圧延→コイル巻きを切目なしに連続的に行う。電気銅を溶解炉に連続的に投入して溶解し、連続鋳造機で連続した角材に鋳造して熱間のまま直ちに圧延機に送り込み、圧延されて出てくる荒引線を酸洗いしてコイルに巻き取る。この方式では、1 巻の質量を大きく得られる特徴があり、通常 3 ～ 8 t の荒引線が製造されている。

・アルミ荒引線

銅荒引線と同様、電気用アルミ→溶解・鋳造・圧延→コイル巻きを連続して行う。アルミの溶湯を保持炉に投入し、連続鋳造機で鋳造し、熱間圧延して所定サイズに加工された荒引線をコイルに巻き取る。この方式での荒引線 1 巻の質量は、通常 2 ～ 2.5t。

連続鋳造圧延

2 伸線

銅およびアルミ荒引線を伸線機にかけ、連続して何枚ものダイスに通して徐々に細く引き伸し、所要の太さの線に仕上げる。細いところでは直径数 mm の線がつくられる。伸線用のダイスには、タングステン・カーバイドを材料とした合金ダイスおよびダイヤモンドダイスを用いる。ダイスの形状を変えることにより、丸線のほか、断面が四角や扇形などの異形線をつくることもできる。

図 21　裸線の製造方法

3 焼鈍

伸線をすると銅線は硬くなり、これを硬銅線と呼ぶ。硬銅線は必要に応じて柔らかい軟銅線にするため、焼鈍炉に入れて 250 ～ 350°C に加熱焼鈍する。焼鈍法には、このほかに伸線機から出てくる硬銅線に電気を流して発熱させて焼鈍して巻き取る連続伸線軟化方式があり、広く実用されている。

4 すずめっき

ゴムで絶縁被覆をする電線の導体は、ゴムに含まれている硫黄により銅線が侵されるので、これを防ぐために、すずめっきを施すことがある。また、プラスチック絶縁電線でも、はんだ付け性を良くする目的で、すずめっきを施す電線が少なくない。すずめっきは、銅線にフラックスを塗布し、溶融したすずの中を通して出口で過剰に付着したすずを絞り取る方法（溶融浸漬めっき）で施される。

5 より線

断面積の大きな電線および断面積は小さくても可とう性（柔軟があり、折り曲げ可能な性質）を必要とする電線には、より線機で必要数の素線をより合わせたものを用いる。より線のより方には、①同心より、②集合より、③複合よりの 3 種類がある。①は、アルミ系電線、架空送電用の硬銅線または送配電用の電線に、②は、可とう性を必要とする電線のうちサイズの小さい電線に多く使われている。③は、可とう性を必要とする電線のうち、サイズの大きい電線に多く使われている。

［より線作業のイメージ］

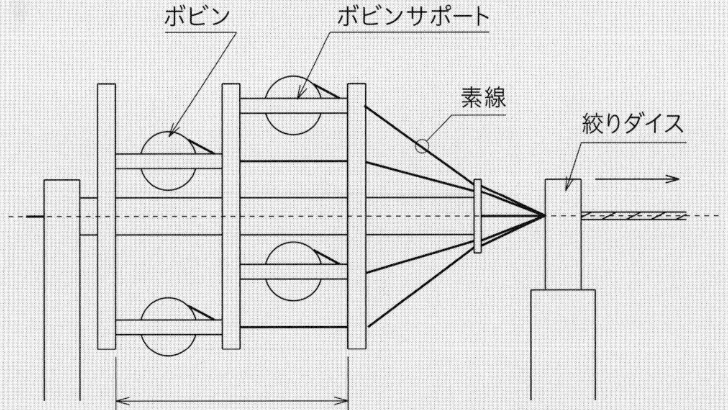

［電線断面］

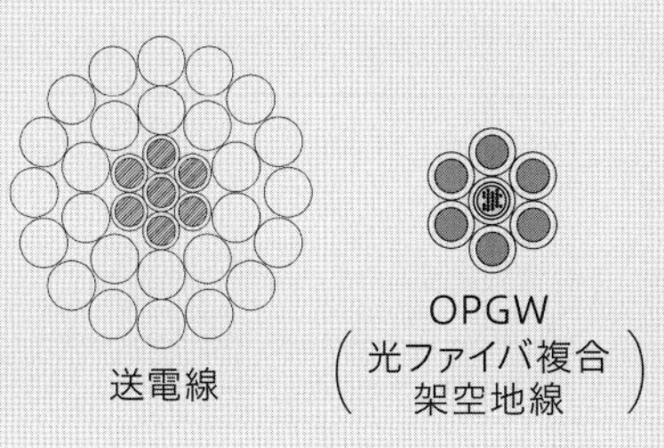

出典：（一社）日本電線工業会、電線の知識をもとに一部改編

＜架線金具ができるまで＞

種類				
鋳造品	溶解	注湯	解枠	堰折（せきおり）
	銑鉄など金属材料を高温で熱し溶かす。マグネシウムなどを添加し化学成分を調整する。	溶解した鉄（湯）を鋳型（製品形状に合わせた型）の中に流し込む。	液状の鉄（湯）が冷め、製品形状に固まった後、鋳型から製品を取り出す。	湯道（注湯時の湯の通り道）などの不要部分を切断する。

鍛造品	切断	加熱	鍛造	バリ抜き
	金属丸棒を所定の長さに切断する。	加熱炉で材料を加熱し、金属丸棒を半固体の状態に柔らかくする。	材料を鍛造型（製品形状に合わせた型）にセットして鍛造機で強力に叩き成形する。	バリ（鍛造時にできた不要な部分）を取り除く。
				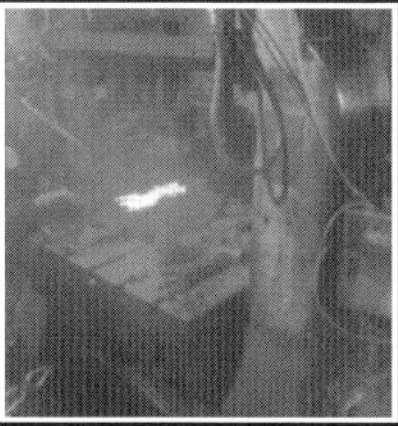
板物	溶断	研削仕上げ	孔あけ加工	刻印
	鉄板を製品形状に合わせて溶断する。	鉄板から溶断で切り出した材料の凹凸を研削し平面にする。	研削仕上げを行った材料に所定の孔をあける。	製品番号など必要な情報をプレス機で刻印する。

丸棒、パイプ	切断	曲げ	溶接	加工・仕上げ
	丸棒またはパイプの金属材料を所定の長さに切断する。	切断した材料を所定の形状に曲げる。	所定の形状に曲げた材料とその他部品（取付部など）を溶接で接合する。	製造工程間で発生した突起や凹凸を除去し、滑らかに仕上げる。
				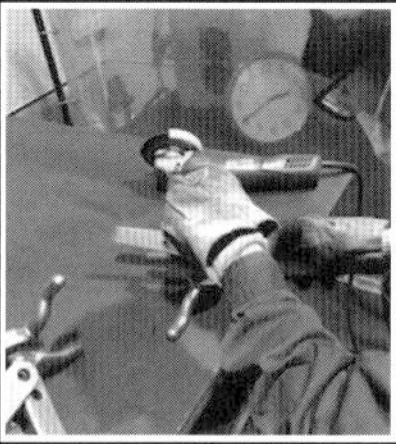

図 23　架線金具の製法別工程　　出典：ＴＤＭ（株）の資料をもとに一部改編

No.3 | 送電鉄塔ができるまで

熱処理
熱処理炉に製品を入れ、製品を加熱し、材料の機械的性質（強度・靭性など）を調整する。

加工・仕上げ
孔あけ、バリ取りなど、機械加工により、所定の形状・寸法・外観へと仕上げる。

めっき
溶融亜鉛めっきによって表面の耐食性を向上させる。

製品
耐張クランプ

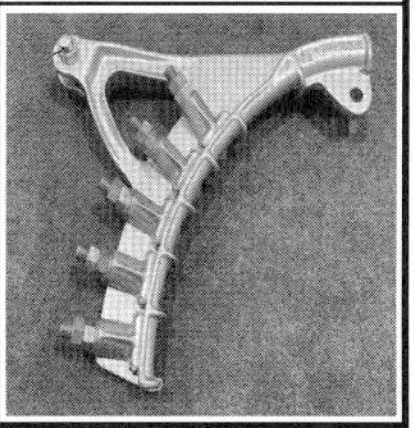

熱処理
熱処理炉に製品を入れ、製品を加熱し、材料の機械的性質（強度・靭性など）を調整する。

加工・仕上げ
孔あけ、バリ取りなど、機械加工により、所定の形状・寸法・外観へと仕上げる。

めっき
溶融亜鉛めっきによって表面の耐食性を向上させる。

製品
連結金具類

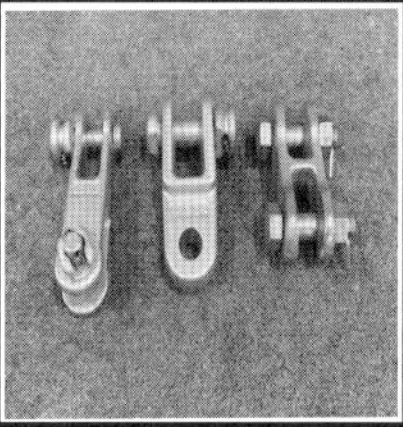

溶接
複数の材料を１つの製品に溶接する。

仕上げ
溶接跡の凹凸を滑らかにするなど外観仕上げを行う。

めっき
溶融亜鉛めっきによって表面の耐食性を向上させる。

製品
十字ヨーク

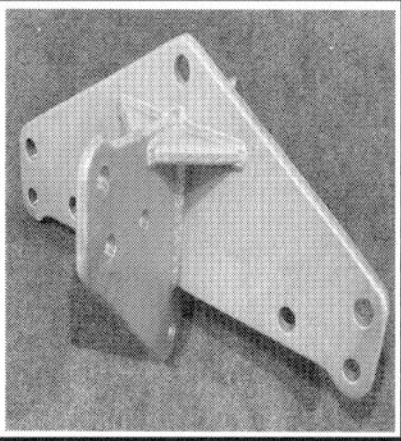

めっき
溶融亜鉛めっきによって表面の耐食性を向上させる。

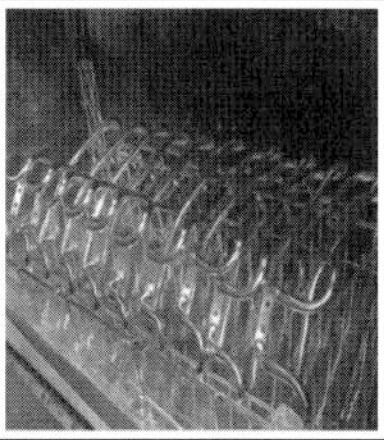

歪取り（整形）
所定の形状・寸法になるよう調整（歪取り）を行い、製品形状を整える。

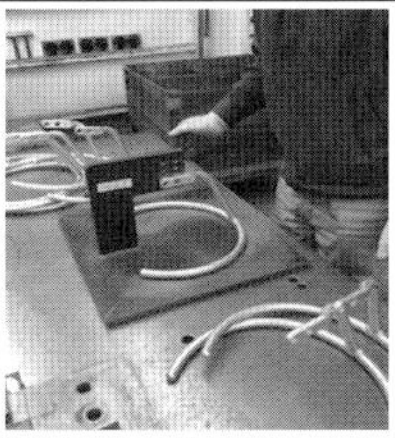

組立
必要な部品（ボルトなど）を取り付ける。

製品
アークホーン

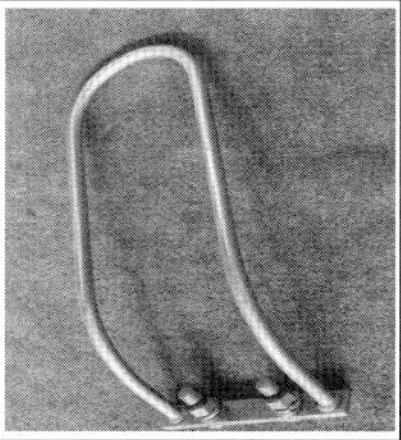

送電線の建設工事

(1) 工事準備

送電線建設工事を行うためには工事用地を確保し、資機材を工事現場まで運ぶ仮設道路など輸送ルートが必要になります。山地部の現場などで仮設道路がつくれない場合は、索道やモノレールを敷設するほか、ヘリコプターを使用するなど各現場に適した運搬方法を選定します(図 24)。それぞれの運搬能力に合わせて、大型重機を分解・搬入して現場で組み立てを実施するなど、綿密な搬入計画を立案する必要があります。

【運搬道路】

通常は、公道から鉄塔を建てる場所まで仮設の道路をつくり、資機材を運搬します。

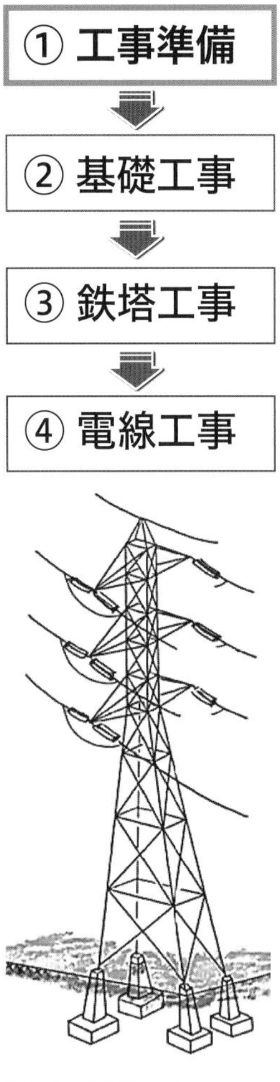

図 24　工事準備

索道

仮設・作業構台

【索道】

索道は主に山地で、仮設道路などの設置と道路造成が困難な箇所に適用します。運搬距離は最大 1km で、運搬能力は 1 ～ 3t 程度になります。

【モノレール】

仮設道路や索道による運搬が困難な場合に適用します。運搬能力は 0.5 ～ 3t 程度で、比較的近距離 (標準 300m) の運搬になります。

【ヘリコプター】

険しい山地や、索道など他の運搬設備が設置できない場合に適用します。機種は、吊り能力と物輸材の総輸送量を勘案して選定します。

【作業構台】

急傾斜地の場合は、作業の効率性・安全性などを考えて、大規模な作業構台 (ステージ) を設けることがあります。

ヘリコプター

モノレール

(2) 基礎工事

地盤条件に基づき、杭が必要となる場合は、杭工事を行います。基礎工事では、掘削機と手掘りを併用し掘削を行います。大型鉄塔の深礎基礎は、掘削深さが数十mにもなることがあり、そのような場合は、坑内に小型掘削機を設置します。

鉄塔の基礎部での作業は、基礎材の組み立てと鉄筋の配置を行います。基礎の部材は、「いかり材」と「主脚材」で構成されています。主脚材は地表部分で鉄塔材と連結されるため、設置する際は、部材の位置と傾きにmm単位の精度が要求されます。これを万一誤ってしまうと、数十mもの高さのある鉄塔の組み立て途中で、部材同士が組み合わなくなってしまうため、慎重さが求められます。

基礎に使用する大量のコンクリートは、山地では平地のようにミキサー車を配置することが困難なため、ヘリコプターなどで少量ずつ搬入します(図25)。

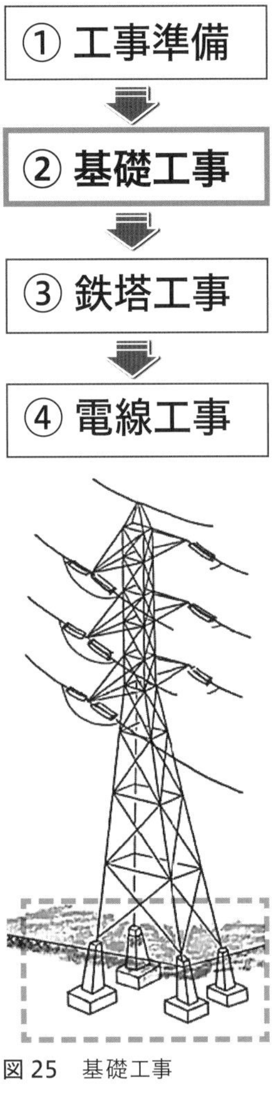

図25　基礎工事

杭工事

No.3 | 送電鉄塔ができるまで

掘削

配筋

コンクリート打設

形状検査

(3) 鉄塔工事

基礎が完成したら鉄塔を下から組み立てます。地上で鉄塔の部材をブロックごとに組み合わせて、傾斜地や鉄塔の高さに合わせた工法で組み立てを行います。

平坦地で重機が入れる場所では、自走可能な移動式クレーンを使用します。山間地などで作業スペースに限りがある場合や、移動式クレーンが使えない現場で、鉄塔高さが 100m を超えるような場合は、鉄塔の中心部分に専用のクレーンを建て、鉄塔の高さが上がるとともにクレーンをせり上げるクライミングクレーンを使用します（図 26）。

鉄塔部材の取り付けは、地上で組み立てられた部材をクレーンで吊り上げ、作業員の手でボルトとナットで固定し組み上げていきます。

時代とともに進歩はしていますが、今も人の手によるところが大きい仕事です。

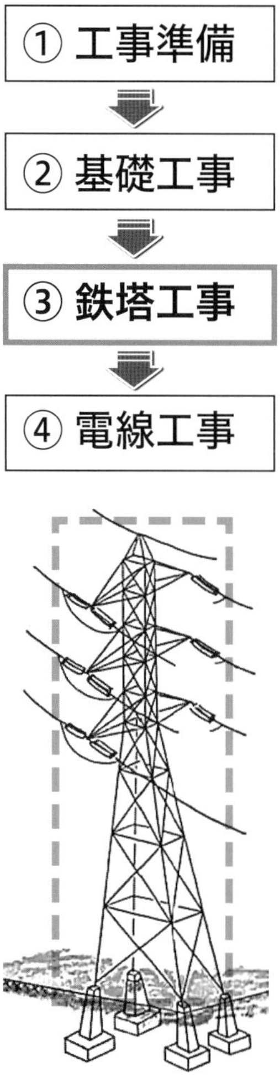

図 26　鉄塔工事

クライミングクレーンの組み立て

移動式クレーンの組み立て

(4) 電線工事

架線工事は、送電線工事の最終仕上げであり、送電線の本来の目的である電気を流す電線を碍子とともに鉄塔に取り付ける工事を行います（図 27）。

【延線工事】

延線工事は電線を鉄塔間に引き延ばす工事です。架線区間の一端のドラム場から電線を繰出し、他端のエンジン場で巻き取ることによりドラム場、エンジン場間の各鉄塔に電線を引き渡します。

【緊線工事】

緊線工事は、延線した電線を碍子とともに鉄塔に取り付ける工事です。延線工事に

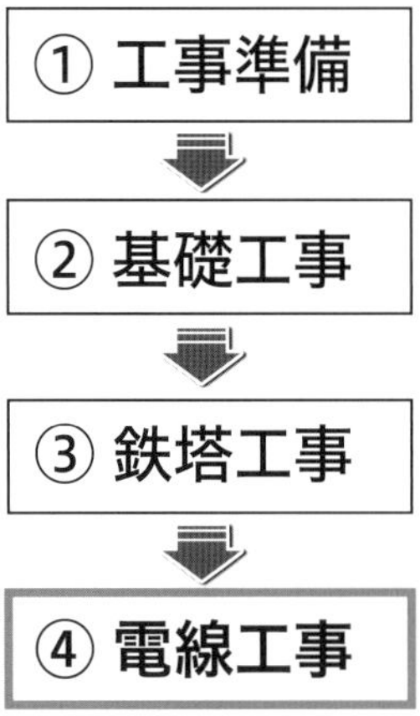

延線工事

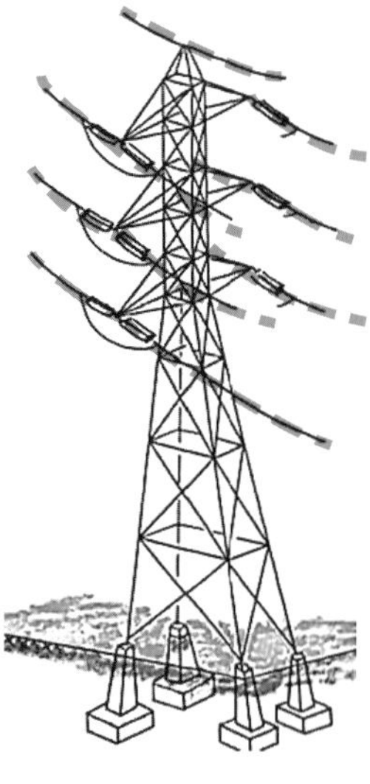

図 27　電線工事

吊金車

緊線工事

延線工事

より各鉄塔に配置された電線を工具で把持して緊張し、所定の張力で鉄塔に引き寄せて、碍子とともに取り付けます。緊線工事後にジャンパ線やスペーサ、ダンパなどの付属品を取り付けて工事が完了します。

緊線（圧縮作業）

ドローン延線

ヘリコプター延線

送電線工事のプロフェッショナル「ラインマン」

ラインマンとは？

送電線建設工事は、機械化や技術開発によって効率化されていますが、重要かつ極めて肝心な部分は、現在でも人間の手による熟練した高度な技術力が要求されます。そして、この作業に従事する、強靭な体力とタフな精神力を備え持つ基礎工・架線電工・組立工の作業員たち、彼らを「ラインマン」と呼びます。

今や電気は当たり前の存在となり、日々の生活になくてはならないものです。その電気を送り届けるライフラインである送電線に、万が一にでもトラブルや自然災害による停電事故が発生したら、社会は大混乱です。こんな時、高い使命感を持って、いち早く現場に駆けつけ、過酷な条件の中で電力の復旧に尽力する、スーパーヒーロー・ラインマン。私たちの日常は、そんなラインマンの手によって守られているのです（**写真5**）。

写真5　ラインマンの作業風景

No.3 ｜ 送電鉄塔ができるまで

ラインマンが支えてきた日本

昭和30（1955）年代後半にやっと安全帽が普及してきましたが、それまでの服装は、ねじり鉢巻、ニッカズボンに法被腹掛、地下足袋、巻脚絆《まききゃはん》などで、塔上作業の安全用具は1本の胴綱だけでした（**写真6**）。クレーンのような機械力のない時代に空中で軽業師のような仕事を展開していました。難易度の高い工事については、線路の模型をつくり、入念に工法検討するなど、万全を期して工事に取り組みました。送電鉄塔の建設現場は、まさに可能性に挑戦し続ける場所でした。

昭和20（1945）年代は、材料工具を人肩運搬、牛馬車、大八車などで運搬していました。

当時の鉄塔工事は、木製台棒を神楽桟によって組み立てる「組み上げ工法」が一般的で、特殊工法として「地上横組み立て引き起こし工法」がありました。

写真6　昔のラインマン（電工）

電線工事

No.3 | 送電鉄塔ができるまで

昭和初期の運搬

引き起こし工法

組み上げ工法

送電線工事で活躍する機材

仮設・基礎

● ジブクレーン

固定式荷役設備で、移動式荷役設備が適用できない山地で使用します（**写真7**）。

● 物輸用ヘリコプター

スーパーピューマ：送電線工事に使用される代表的な物輸ヘリコプターです（**写真8**）。

写真7　ジブクレーン

写真 8　物輸用ヘリコプター

組立用機材

● クライミングクレーン

山地等において移動式クレーンの搬入が困難な場所で大型鉄塔や高鉄塔に使用します（図 28）。

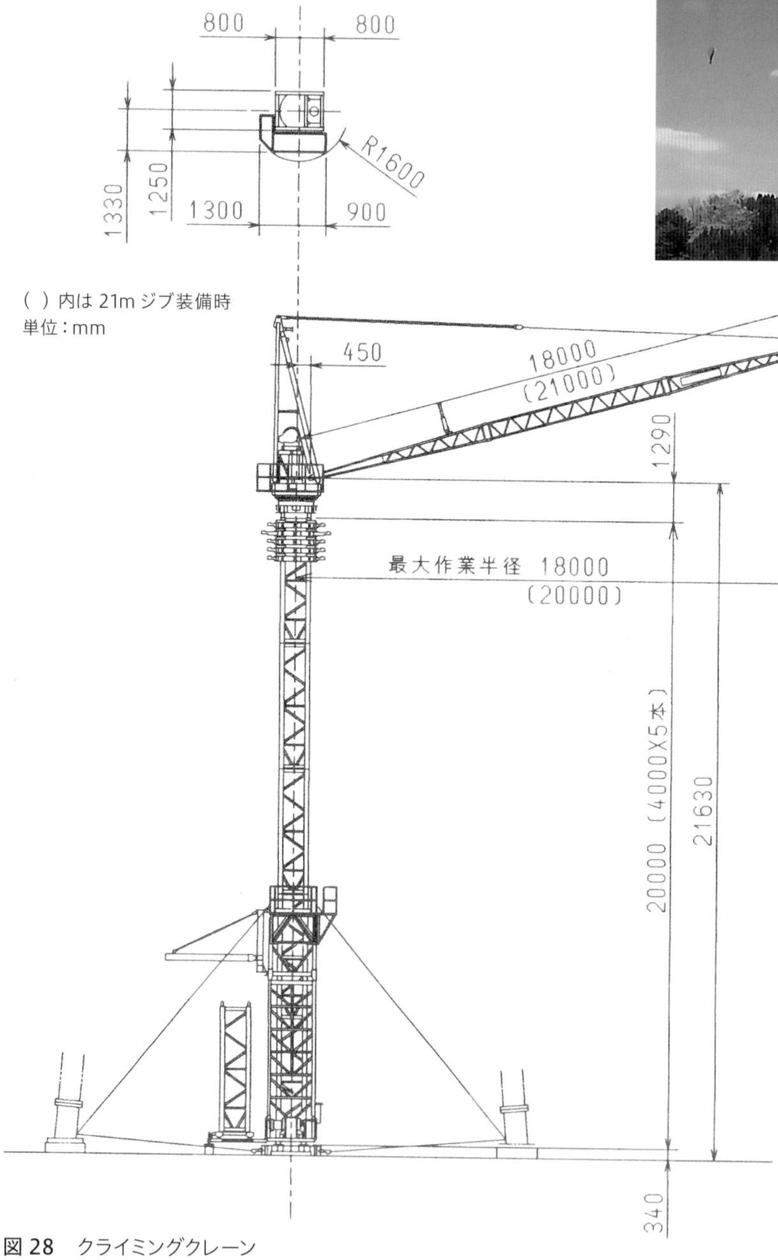

図 28　クライミングクレーン

クレーンブーム部

架線用機材

● 延線車

電線やワイヤロープの延線に必要な張力を与え、連続、安定した延線を行う機材です（**図 29**）。

写真		
名称	1.3m 電動架線機	1.5m 巻取延線車
型式	DSunit-81PT1	R523BT-A7
メーカー	(株) 電力機材サービス	(株) 安田製作所
方式	全電動（誘導電動機22kW 6P)	油圧（誘導電動機30kW4P)
適応電線	810sq以下	1,160sq以下
重量	3,500kg	4,550kg
寸法	1,925mm×2,200mm×2,153mm	1,500mm×3,700mm×2,197mm

図 29　延線車

● 架線ウインチ、緊線ウインチ

延線工事や緊線工事におけるワイヤロープの巻き取りに使用されます（**写真 9、10**）。

写真 9　東日本大震災を乗り越えて送電線工事を支える（株）エステーの緊線ウインチ

写真 10　架線ウインチ

送電鉄塔を建てる

No.4

送電鉄塔を愛でる

横浜火力南線
No.9

住宅地に所狭しと建つ鉄塔。
場所によって歩道跨ぎや、
休め鉄塔※など
バラエティー豊かなタイプがある。

※「休め」の号令時の姿勢のような
脚の開き方をしている鉄塔のこと

昭島線 No.8

閑静な住宅地を通る道路の
緑地帯に建つ６回線鉄塔。
限られた狭小な土地に建つ姿は、
細くてスマートな印象。

天沼線 No.26

大型ショッピングモールと
マンションが建ち並ぶ中に建つ
鋼管単柱鉄塔。
鉄塔と気づかないくらい
街並みに溶け込んでいる。

東京西線 No.26

275 kV 2回線と 66 kV 4回線を
併架する大型6回線鉄塔。
間近で見ると、鉄塔の大きさと
電線の多さに圧倒される。

邑楽線
No.29

交差点の中心に建ち、
鉄塔の周囲が
道路（ラウンドアバウト）に
なっている。
鉄塔マニア は、これを
通称「鉄ラ」と呼ぶらしい。

上毛幹線 No.183

腕金が斜めに
垂れ下がった形は、
戦前の一部の鉄塔に見られる
レトロなタイプ。
その形状から
「アンブレラ鉄塔」の
愛称を持つ。

No.4 │ 送電鉄塔を愛でる

送電鉄塔は、立地環境や条件、電圧によって様々な形状・大きさのものがあります。ここでは、鉄塔の形に焦点をあてて見てみましょう。

烏帽子形鉄塔

東京電力パワーグリッドにおいて、烏帽子形鉄塔の代表と言える500kV安曇幹線は、1号線が1969年に、2号線が1981年に建設されました。見た目から「バンザイ鉄塔」、「ネコ（耳）鉄塔」、「鬼」、「牛」などと呼ばれています。

写真1

写真2

安曇幹線の送電線は変電所を出発し、1号線・2号線それぞれのルートを経過し（**写真1**）、終点付近になると1号線は線路を大きく曲げ（**写真2**）、鉄塔の形が変わります（**写真3**）。2号線も同様に鉄塔の形が変わり（**写真4**）、別ルートからきた1号線と合流します（**写真5**）。合流して、一般的によく目にする2回線タイプの鉄塔（**写真6**）となり、終点の開閉所へ向かいます。撤去されつつある鉄塔が残存している区間では、電線を横並びに架線した水平配列（**写真7(a)**）と、三角形の頂点の位置に電線を架線した三角配列（写真7（**b**））の鉄塔が存在しています。三角配列の鉄塔は、鬼が角を立てて怒っているように見えます。

写真3

写真4

写真 5

写真 6

写真 7

鋼管柱鉄塔

以前は環境調和型鉄塔や美化鉄塔と呼ばれていましたが、現在では鋼管柱鉄塔と呼ばれています。柱や脚の本数など様々な種類がありますが、その多くは塗色され、色はグリーンやアイボリー系が比較的多く採用されています。まれにブルーやブラウンもあります。

単柱

オーソドックスなタイプ（**写真8**）。「電柱のお化け」、「煙突」などと呼ばれています。

地中ケーブル接続のため、電線を引き下げるタイプもまれにあります（**写真9**）。

写真 8

写真 9

2本柱

2本の柱で建つタイプ（**写真10**）。グリーン系の色で塗られ、頂部が開いているので、バッタやカマキリのように見えます。

3本柱

鉄塔に大きな加重が掛かり、2本柱では強度が足りない場合に用いる、3柱で建つタイプ（**写真11**）。柱をつなぎ、三角形に組み合わせているのが特徴です。

4本柱 レア!

1985年開催の科学万博つくば '85の会場内に建設された、デザイン性を重視したタイプ（**写真12**）。

2脚柱

線路と平行に2本の脚を開いて建ち、鉄塔の中間付近で1本の柱状になるタイプ。アルファベットのAのように見えます。**写真13** は、銀杏の葉が描かれていて、オシャレに感じます。

4脚柱 レア!

水路を跨ぐため、このような形状になっています（**写真14**）。今にも歩き出しそうです。

多脚柱

3 本脚と同様に大きな加重が掛かる場合に採用されます。単柱に脚を増やして支えるイメージです。**写真15** は、電線を引き留めて塔体内へケーブルを引き込むタイプです。

写真 10

写真 11

写真 12

写真 13

写真 14

写真 15

ドナウ型鉄塔

ドナウ型鉄塔は、通常上・中・下にある腕金を上・下だけにして、1つの腕金に電線を水平に2条架線した腕金がある鉄塔です。鉄塔の高さを抑えるとともに、電線の地上からの高さをできるだけ確保する場合に多く採用されます。

送電線同士が交差する箇所において、下をくぐる場合や、送電線経過地付近に航空機の滑走路などがあり、離発着の支障にならないよう、鉄塔を低く抑える必要がある場合などに用いられます。

「ドナウ」の語源については諸説ありますが、ドイツのドナウ川を最初に横断した鉄塔がこの形だったことが由来とされています。

66kV級

写真16は、付近に滑走路があるため用いられています。鉄塔の高さが15 mしかなく、小さくてどこかユーモラスです。

写真17は、上部に500kVの送電線が通っており、その下くぐりのために、このような形状をしています。電線の配置が写真16とは逆で、上部の腕金に2条、下部の腕金に1条を架線した「逆さドナウ」です。また、4回線でドナウ型をした「ダブルドナウ」もあります（**写真18**）。

写真16

写真 17

写真 18

154kV 級

写真 19 は、上部に 275kV の送電線が通っていることから、その下くぐりをするため採用されています。

見た目からして頭が真っ平らで、かつ低く横に広がったスタイルは、どこか愛嬌が感じられます。

写真 19

写真20は4回線鉄塔で、付近に滑走路があることから採用されました。上段の154kVと下段の66kVをドナウ型にしたタイプで、一直線上にドナウ型鉄塔群が建ち並び、その姿は圧巻です。

同じく**写真21**は4回線のドナウ型ですが、上段の154kVはドナウ型、下段の66kVは電線を全て水平に架線したレアなタイプです。この鉄塔も275kV＋154kVの送電線の下くぐりをしています。

写真22は、6回線（154kV 4回線＋66kV 2回線）の「トリプルドナウ」です。

写真 20

写真 21

写真 22

275kV級

写真 23

超高圧級になると、規模が大きく腕金の長さも長大になります。大型河川を横断している**写真 23** の鉄塔は、1967 年に建設されましたが（当時は、山形鋼のドナウ型）、その後、鋼管のドナウ型に建て替えられました。

首都高速を走行していて、間近に迫るドナウ型鉄塔の迫力に驚かれた方もいらっしゃるのではないでしょうか。

写真 24 の鉄塔は、写真 23 の次に続く鉄塔で、太い鋼管材を使用していることもあり、非常に力強い印象を受けます。また、ドナウ型を採用している河川横断箇所の電線は複導体を採用し、この鉄塔を境に 4 導体となります。

写真 24

写真 25（a）の鉄塔（275kV＋66kV）は大型河川を横断し、変電所構内では、電圧階級が違う275kVと66kV、それぞれの電圧の鉄塔が親子のように並んで建っています（写真25**(b)**）。

このようにドナウ型鉄塔が隣り合って建っている場所は、レアケースです。

写真 25

都市型鉄塔

都市型鉄塔は、鉄塔周辺の環境や景観を配慮する必要がある場合に用いられます。通常用いられる鉄塔と比べて部材が少なめで、シンプルな構造であることが特徴です。近未来都市をイメージした鉄塔と言えるかもしれません。

66kV級

オーソドックスなタイプ（**写真26**）。スマートでシンプルな印象を受けます。

枠組構造（ラーメン構造）のものもあります（**写真27**）。この鉄塔は都市型なのに山間地に建っていますが、抹茶色に塗られ、周辺環境に配慮がなされています。部材が少ないため、スカスカな感じがします。

写真28は、同じ構造で4回線の鉄塔です。こちらは道路を跨いでいるため、スカスカながらもどっしりとした印象を受けます。

写真29は、変電所に引き込む6回線鉄塔で、2つ並んで建っている双子の都市型鉄塔です。

275kV級

写真30は、超高圧級で大型の鉄塔です。写真では分かりにくいですが、腕金やジャンパなどが通常よりシンプルな構造になっています。

写真31は、海岸線沿いに立ち並ぶ鉄塔群ですが、奥の風力発電のプロペラとよくマッチしているように見えます。

写真 26

写真 27

写真 28

写真 29

写真 30

写真 31

500kV 級

写真32 はさらに大型の鉄塔ですが、シンプルな構造でH型鋼を使用した長大な腕金が特徴的です。

写真 33 は、写真32 に隣接する鉄塔で、奥に見える一般的なタイプの鉄塔と比べてシンプルな構造です。

写真 32

写真 33

跨ぎ鉄塔

送電鉄塔の中には、やむを得ない事情などで道路や水路を跨ぐように建てられたものがあります。そこでは根開き（脚と脚の広がり）を大きく広げた「大股鉄塔」や、最下部のみ根開きを広げた「拡大根開き鉄塔」などが多く用いられます。

写真 35

写真 34

跨ぎ鉄塔の元祖と言えば、この大股鉄塔でしょう（**写真34**）。これは河川改修に伴い、諸般の理由から河川上にルートを移設したものです。現在は撤去されていますが、昭和初期に建設され、実用新案にも登録されています。

有名なのは、パリのエッフェル塔を連想させる**写真35**の鉄塔です。

この鉄塔は、このような形状の鉄塔が3基連続して一列に並び、道路を跨いで建っているため、鉄塔の下をくぐり抜けることができます。また、鉄塔カードに採用されたことで、ちょっとした話題になりました。

写真36 は、下部（地下）に水路が通っており、それを跨ぐように建っています。

写真37 は、道路と水路の両方を跨ぐため、拡大根開きを用いています。コンクリート基礎がかなりボリューミィです。

写真38 は、水路を跨ぐタイプで、拡大根開きを用いています。大きな逆三角形の構造が目を引きます。

写真39 は、道路を跨ぐタイプで、最下部を開いた構造になっています。車両接触防止のための注意喚起用黄黒ゲートが設置されています。

また、鉄塔の構造は通常のものと同じで、ラーメン基礎で跨いでいるものもあります（**写真40**）。このタイプは河川敷内に建つ鉄塔にも用いられます。

写真 36

写真 37

写真 38

写真 39

写真 40

多回線鉄塔

通常用いられる送電線は、電線3本を1組として「1回線」とし、その多くは電線6本の「2回線」の鉄塔が用いられています。これらの送電線を、鉄塔1基に併設した「多回線鉄塔」なるものが存在します。ここでは特徴のある多回線鉄塔（6回線以上）をご紹介します。

275kV 4回線＋66kV 2回線

超高圧級の275kVが4回線のタイプは、数少ない存在です。その下部には66kVもあります（**写真41**）。間近で見ると、そのダイナミックさに圧倒されます。

写真41

275kV 2回線＋154kV 2回線＋66kV 2回線 レア!

電圧階級が異なる送電線が1基に集結している鉄塔です（**写真42**）。

特に(a)、(b)は、66kVが分岐のため2段になっているので、8回線鉄塔に相当します。

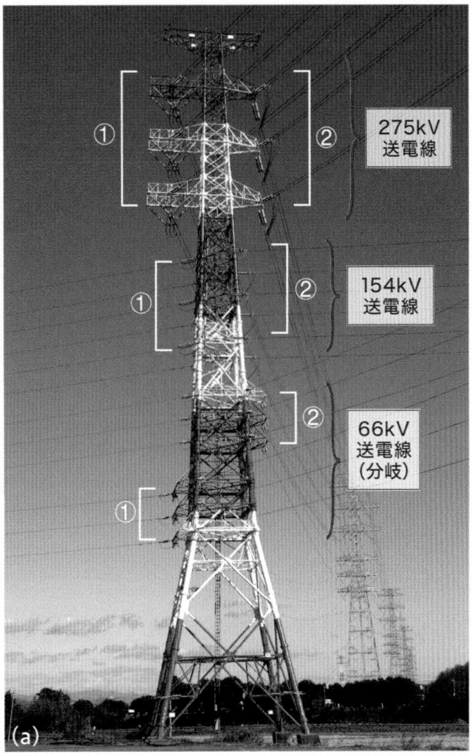

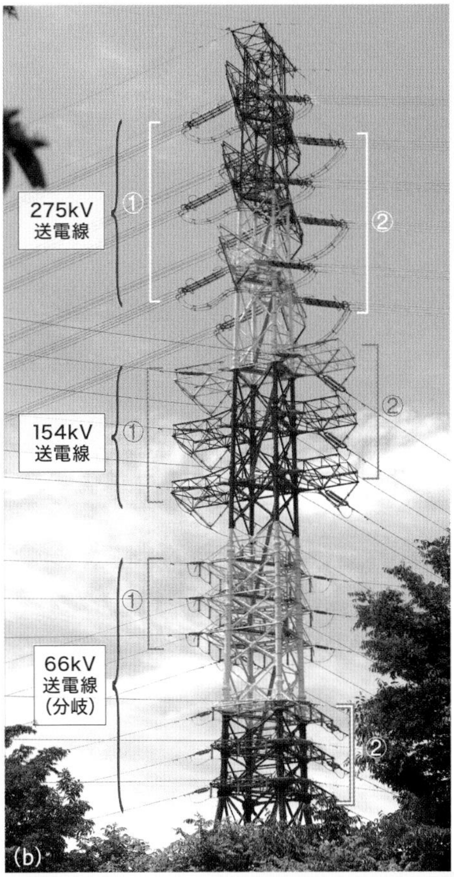

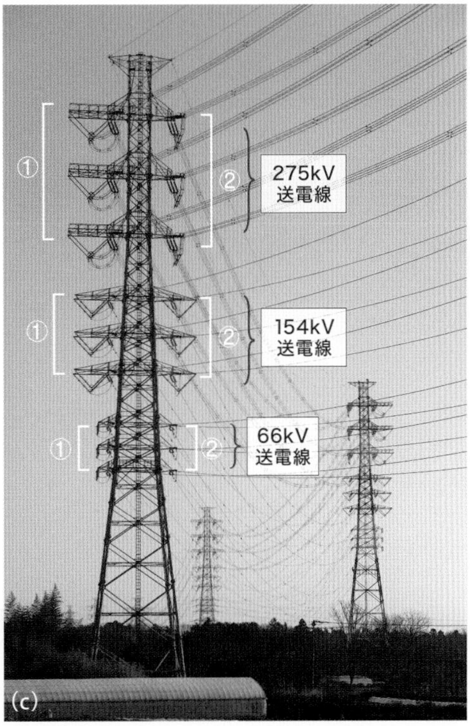

写真42

275kV 2回線＋66kV 4回線

直角方向に線路を曲げる66kVの送電線を併設する6回線鉄塔です（**写真43**）。この送電線は20基全て、このタイプの鉄塔が続きます。

154kV 8回線（4回線＋4回線）

それぞれ異なる方向から来る154kV4回線の送電線が、1基だけで十字に交差する8回線鉄塔です（**写真44**）。住宅地や町工場のある場所に建っており、ひと際目立つ存在です。

154kV 6回線＋66kV 2回線

国道交差点脇にそびえ立つ8回線鉄塔です（**写真45**）。鋼管鉄塔なので強靭に見えます。

66kV 6回線

電圧階級的に規模は小さいですが、これだけの数の電線を支持しながら弛みが綺麗に揃っていて、まるで五線譜のような美しさです（**写真46**）。

66kV 8回線

タイプの異なる8回線鉄塔です（**写真47**）。矩形鉄塔にも分類されますが、4回線鉄塔の電線を並列させたような配列になっています。この送電線における8回線タイプの鉄塔は、全て鋼管鉄塔を採用しています。

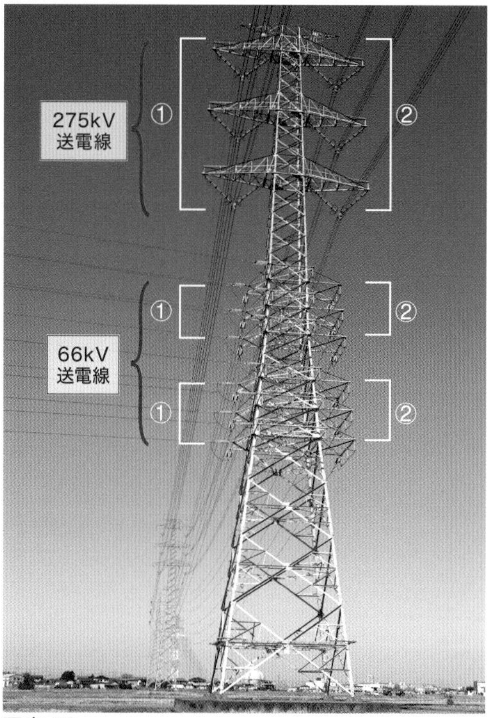

写真43

写真44

写真 45

写真 46

写真 47

分岐形鉄塔

変電所などに分岐するもの、規模の大きな工場や鉄道などへ電気を供給するための分岐、また、他の系統と連系するためなど、分岐する鉄塔の用途は多岐にわたり、時代とともに変遷を遂げているものもあります。

段違い分岐形

現在、分岐する鉄塔で最も多く用いられているものです（**写真48**）。シンプルで無駄のないスタイルと言えるでしょう。

折り返し分岐形 レア!

大幅な改造や建替が困難な既設鉄塔で、折り返し鉄塔を建てる土地が確保できる場合などに採用されます。既設鉄塔をほぼそのままの状態で分岐させ（**写真49(a)**）、分岐した電線を受けて折り返すための鉄塔（写真49**(b)**）を建てます。現在用いられるケースはごく稀ですが、折り返す鉄塔は小さく、愛らしさがあります。

写真48

写真49

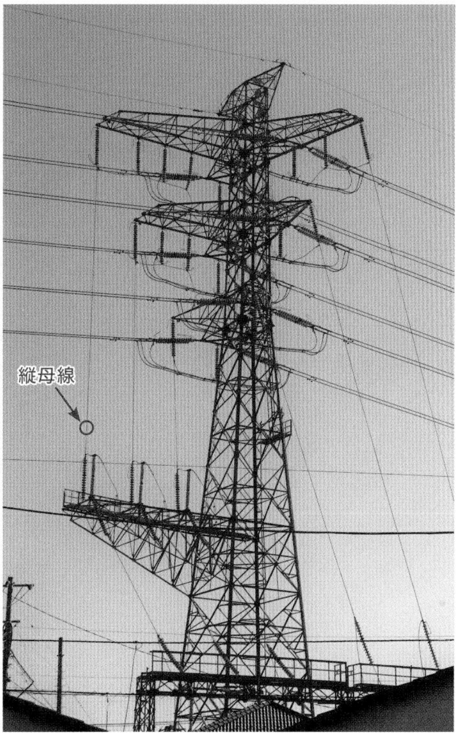

写真50

回線間縦母線通過形

線路の回線間に腕金を突き出し、各3本の電線を本線から分岐させ、縦に引き下ろして電線を通過させるタイプ(**写真50**)で、この縦の電線を縦母線といいます。段違い分岐形に比べて鉄塔の高さを低く抑えることができますが、構造がやや複雑になります。愛称は「ゴジラ」。

引下形

電線を引き下ろし、変電所の鉄構や別の鉄塔などへ分岐するタイプ（**写真51**）。上の腕金から下にいくにつれて段々短くなっていく形状が特徴的です。愛称は「ドラキュラ」。

縦母線形

引下形と酷似していますが、縦母線形は自鉄塔にいったん電線を受け、腕金で縦母線を架線し、変電所の鉄構や別の送電線へ分岐するタイプです（**写真52**）。

写真53 は、改造してこのような形状になりました。最上段腕金と最下段腕金の間に縦母線が架線され、イカツイ鉄塔になりました。

十字分岐形

十字に電線が分岐接続されているタイプ（**写真54**）。段違い分岐形に、さらに電線を架線、接続したタイプです。

地中線専用腕金分岐形

地中ケーブルへ分岐するための鉄塔。縦母線で電線を受ける腕金を設けて、そこに地中ケーブルと接続する部分（ケーブルヘッド）を搭載しています（**写真55**）。専用腕金が踊り場のように見えます。

写真51

地中線各腕金分岐形

写真56は、1つの腕金に1つのケーブルヘッドを配した鉄塔です。ケーブルヘッドを搭載した各腕金の構造は重厚感があります。

写真52

写真53

写真54

写真55

写真56

引留型鉄塔

起点となる発変電所などから始まる最初の鉄塔や、終点となる発変電所、もしくは規模の大きな工場や鉄道などの電力供給先の末端に建つ引留型鉄塔。常に電線が片側へ強く引っ張られる過酷な条件に耐える鉄塔です。

発変電所や地中線からの引出、引込などの起点、終点の引留型鉄塔

起点となる1号鉄塔や、線路の終点となる最終鉄塔です（**写真57**）。

写真 57

地中線専用腕金引出（引込）形

地中ケーブルから立ち上がる（引き込む）形状で、分岐形鉄塔にも登場した、縦母線で電線を受ける腕金を設けて、そこに地中ケーブルと接続するケーブルヘッドを搭載しているタイプ（**写真58**）。

写真58

地中線各腕金引出（引込）形

同じく分岐形鉄塔に登場した、1腕金に1つのケーブルヘッドを配したタイプ（**写真59**）。**写真60**は4回線鉄塔。

このタイプの鉄塔が集結すると、まるで要塞のようです（**写真61**）。

写真 59

写真 60

写真 61

その他特殊鉄塔

三角鉄塔

一般的に用いられるのは４本の脚で建つ四角鉄塔ですが、３本の脚で建つ三角鉄塔もあります。これは鉄塔への荷重が比較的小さく、コストダウンを図る目的で用いられます（写真62）。

中には、腕金のない塔体だけの三角鉄塔もあります。巨大アンテナのようにも見えます（写真63）。

写真 62

写真 63

写真64

特殊横断鉄塔

写真64で左右を横断する500kV送電線を、さらに横断する4回線鉄塔（上回線500kV、下回線275kV）。

上回線は左右を横断する500kVを上越し、下回線は下くぐりする形状にしたため、上回線と下回線との間隔を非常に大きくとっています。送電線の交差箇所において、上回線と下回線の間で挟んで交差するのは珍しい形態です。この4回線鉄塔は、高さが140 mもあります。

島に建つ鉄塔

鉄塔自体は珍しくない4回線の紅白鉄塔（**写真65**）ですが、人造湖の離れ小島に建っています。もともとは河川敷内の陸続きの場所に建っていましたが、人造湖の築造により周囲が水没したことから、このようになりました。この鉄塔へ行くには、ゴムボートを使用します。

写真65

つながった分岐鉄塔

写真66は、線路沿いに建つ鉄塔です。この鉄塔で線路を横断し地中線へ分岐する必要があったため、V吊懸垂鉄塔を梁(ビーム)で2基つなげて、そこへ縦母線を線路と平行に架線し分岐させ、電線6本を水平に配列させた状態で地中線へ接続するという、合わせ技的な極めて特殊な鉄塔です。

このような形態は、関西地方の送電設備でもよく見られ、マニアの間では「関電落とし」と呼ばれているようです。

写真66

片転び鉄塔

通常の鉄塔は、4脚とも同じ傾き（転び）ですが、2脚は垂直に、残りの2脚は転びを設けた鉄塔もあります。その見た目から「休め鉄塔」という愛称がついています（**写真67**）。

この通称「休め鉄塔」は、この鉄塔が元祖で、他の場所にも何基か存在しています。それらの多くは、線路方向を大きく曲げている箇所に用いられているのが特徴です。普段見慣れた鉄塔と比べて安定感が欠けて見え、目を疑いたくなりますが、経済性などを踏まえて設計、検討した結果、このような形状になったものです。しかし近年では、このような鉄塔を新たに建てることは、まずありません。

写真67

直流方式送電鉄塔

一般的な鉄塔の電力線用の腕金は 6 本など 3 の倍数になりますが、直流方式送電鉄塔は 4 本で済む（+と−なので 2 の倍数）ので、一般的な鉄塔よりもコンパクトな構造になっています。周波数が異なる東日本と西日本を連系する重要な役割を果たしています（写真68）。

写真 68

No.5

送電鉄塔を守る

No.5 送電鉄塔を守る

No.2 基礎知識でも触れましたが、送電線は様々な設備で構成されています。

ここでは、それら設備を維持・管理し、安全に電気を届けるために行っている巡視、点検、補修工事など、送電線を守る陰の仕事について紹介します。

巡視

送電線の巡視は、電線路の事故（電気事故、設備事故）、関係法令（電気設備の技術基準など）の抵触、感電などによる公衆災害を未然に防止し、電線路と周辺地域を保全することを目的に、設備の異常（異変）など大きな変化の有無や予兆、設備に対して影響を与えるような行為、不具合の状況、状態が設備周辺に存在していないかなどについて確認します（実施の頻度：1回／年（全設備））。

巡視の方法

巡視は、双眼鏡などを使い目視で実施しますが、送電線が設置・通過している場所は山間地、市街地、河川など、様々な環境や地形であることから、その状況に応じて最適な方法を選択しています。

巡視方法の選択にあたっては、設備全体を網羅的に確認する定期的な巡視、電線路の事故箇所把握、局所的に確認する臨時的な巡視など、巡視の内容も考慮します。

❶ ヘリコプター

東京電力パワーグリッドでは、設備全体を確認する巡視において、効率的に実施するため、ヘリコプターによる空中からの設備確認を基本としています。台風、強風、大雨、長雨、大雪、地震など、広域で設備に影響がある場合にもヘリコプターを使用します（**写真1**）。

❷ 徒歩、車両（自動車、自転車）

ヘリコプター飛行禁止区域では、徒歩や車両（自動車、自転車）で巡視を行います。ヘリコプターに比べて、送電線周辺におけるクレーン車など重機の使用者や凧揚げをされている方に対し、その場で直接注意喚起ができるなどのメリットがあるため、送電線周辺の動向管理のために行う巡視で採用されています（写真1）。

❸ 船舶

送電線は様々な場所を通過しており、船舶が往来する大型河川もそのうちの1つです。大型河川横断箇所で、日常的なヘリコプター飛行が困難かつ、クレーンなどの重機を積載した台船が数多く往来する東京湾近郊では、船舶による巡視を実施しています。船舶による巡視では、河川横断箇所の設備確認に加え、送電線に接近する可能性のあるクレーン台船などに注意喚起を行います（**写真2**）。

写真1　巡視　(a) ヘリコプター　(b) 徒歩　(c) 車両

巡視時（ヘリコプター、徒歩、車両）の装備品・携行品

山間地では全ての鉄塔に辿り着けるよう、送電線路沿いに巡視路を整備しており、巡視時は案内地図やＧＰＳ位置情報をもとに鉄塔を１基ずつ歩いて巡り、異常の有無を確認します。

特に険しい山間地における徒歩巡視では、遭難や滑落、熊・蜂のような危険生物との遭遇など、多くの危険が潜んでいるため巡視員の装備は登山並みの装備になります。

【基本装備】

- 記録・測定用具（カメラ、コンベックスなど）
- ペンチほか（簡易な補修用工具）
- 地図、巡視路図、ＧＰＳ端末機など
- 携帯電話、携帯無線機
- 双眼鏡
- 安全帽、革手袋

【山間地（上記に加えて）】

- ストック、ポール
- ヘッドライト
- 熊、蜂、ヤマビル対策（熊除け鈴、笛、撃退スプレーなど）
- 保温シート（薄いアルミ製シートなど）
- アイゼン（冬季）

巡視時のチェックポイント

送電線の経過地や巡視を実施する季節によって、巡視時のチェックポイントが異なるので、その一例を紹介します。

❶ 山間地

- 電線に接触するおそれのある接近樹木の有無・状態（**写真3**）
- 鉄塔周辺の土砂崩れ、陥没、雪崩の形跡など（**写真4**）
- 巡視路の状態、階段・橋・案内道標など施設の損壊有無など

❷ 市街地

- 住宅や高層建築物など建造物の新増改築の有無など
- 送電線下におけるクレーンなど重機の使用有無など（**写真5**）

写真2　船舶パトロール

写真3　接近樹木

写真4　土砂崩れ

●配電線や通信線、看板、街路灯などと送電線との離隔距離の確認など

❸ 新緑期

●送電線下での竹の子生育状況など

●鉄塔など支持物へのカラスの営巣有無など（**写真6**）

❹ 冬季

●降雪による支持物・電線などへの着雪・冠雪の有無など

●電線、地線への着雪による垂れ下がりや、地上高・離隔距離不足の有無など

●豪雪山岳地域における鉄塔周辺での雪崩の形跡など

点検

送電線を構成する主要設備の支持物、碍子、電線・地線や、これらに付属する設備について定期的に点検を行い、機能の実態を把握するとともに、送電線の保全と周辺地域の保安を図ります。

点検の方法、チェックポイント

点検には、地上から設備の外観を目視確認するものと、鉄塔などの支持物へ昇塔し外観目視確認することに加え、工具・計測機器等を用いて詳細に確認するものがあります。ここでは、各主要設備の点検方法とチェックポイントについて紹介します。

❶ 支持物

鉄塔部材のボルト接合となっている部位については、トルクレンチを使ってボルト類の緩みを確認するとともに、ボルト類の脱落、部材の変形、発錆、腐食の有無、および鉄塔の昇降時に使用する安全施設や付属品なども併せて確認します（**写真7**）。また、地盤沈下などの影響に伴う基礎の変位なども確認し、必要に応じて定期観測を行います。

❷ 碍子

磁器部の亀裂、破損、アーク痕（落雷による放電痕跡）や金具の摩耗、変形等の外観目視確認のほか、検出器を使用し、絶縁不良碍子を検出します。検出器には、送電線に電気が流れている状態（活線）で使用するものと、電気を止めた状態（停止）で使用するものがあります（**写真8**）。

❸ 電線・地線

電線と地線本体の腐食、変色の状態や素線切れ、笑い（よりが外れてカゴ状に膨らんだもの）などの有無を確認します。架線金具類やダンパ、カウンターウェイト等の付属

写真 5　送電線下でのクレーン作業

写真 6　カラス営巣

写真 7　支持物点検

品についても併せて異常の有無を確認します。点検方法には宙乗り点検、地上スコープ点検、空中VTR点検があり、設備形態や設備の周辺環境を考慮し、適した方法を選定します。

❹ 電線宙乗り点検

宙乗器を使用し、人が電線上を移動しながら電線・地線の状況を確認します。非常に労力がかかりますが、電線・地線を間近で触診して確認できるため、詳細な状態把握が可能です（**写真9**）。

なお、電線付属品などの点検では、宙乗器は使用せず、素乗りで実施することもあります（**写真10**）。

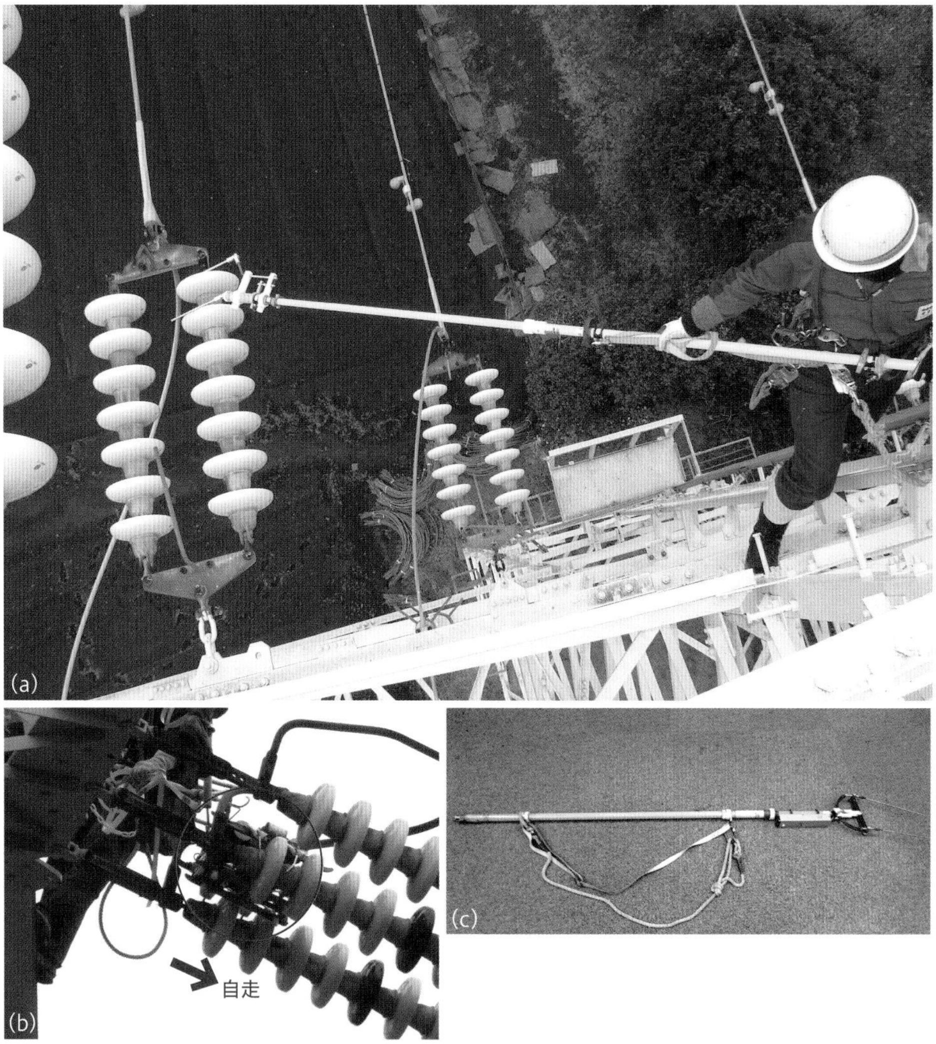

写真8　不良碍子検出器　(a) ギャップ式（活線）(b) 自走式（活線）(c) メガー式（停止）

写真 9　電線宙乗り点検

写真 10　電線付属品点検（素乗り）

❺ 地上スコープとドローン点検

地上に高倍率レンズを搭載したスポッティングスコープ（地上望遠鏡）を設置し、電線･地線本体と付属品を目視により確認します（**写真 11**）。また、近年ではドローンの急速な普及に伴い、飛行制限のない区域では、ドローンによる空中からの近接確認が主流になりつつあります（**写真 12**）。なお、これらは宙乗り点検のように送電線の電気を止める必要がないため、実施時期や時間的制限を受けることなく実施可能です。

❻ ヘリコプター VTR 点検

ヘリコプターに搭載したカメラにより、電線・地線本体と付属品を撮影し、そのVTR 画像を目視で確認します（**写真 13**）。近年、東京電力パワーグリッドでは、VTR 画像を AI 解析することにより、異常箇所を自動抽出する技術を導入し、作業の効率化を図っています（**写真 14**）。

写真 11　地上スコープ点検

写真 12　ドローン点検

写真 13　ヘリコプター VTR 点検

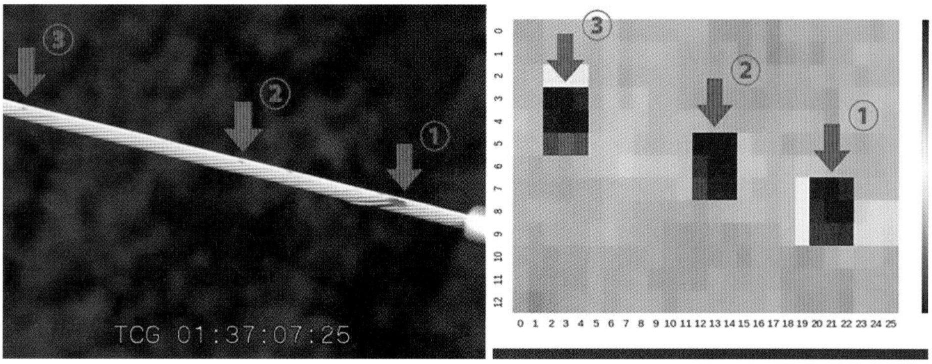

写真 14　電線異常 AI 解析

安全作業の確保

送電線にかかわる作業には、高所や充電部に接近するものなど、危険を伴う作業が多いため、作業手順の遵守はもとより、諸準備や管理についても特に注意を払う必要があります。

安全装備品

作業者と公衆の安全を確保するため、作業において使用する用具です。

❶ 保護具

主に作業実施の際に、作業者が直接身体に着用するもので、作業者自身の安全を確保するための用具です。

●安全帽

主に頭部を電気的、機械的な衝撃から守り、災害を防止するために使用します（**写真15**）。

写真 15　安全帽

●導電性作業服

電圧が500kVなど超高圧送電線の作業では、鉄塔上部への昇塔や電線宙乗り時の静電誘導感知を軽減するため、電気を通しやすい繊維が織り込まれた導電性作業服を使用して、衣服に帯電した電荷をアースさせます。併せて導電性手袋、導電性靴下、導電性作業靴を着用することで導電性を高め、作業者が常に鉄塔とアースされた状態を保ちます（**写真16**）。

●安全帯、墜落制止用器具

高所作業などを行う際、身体を安全に保持し、墜落を防止するために使用します。

労働安全衛生法施行令と労働安全衛生規則の改正(2019年2月1日施行)に伴い、安全帯は墜落制止用器具に改められ、フルハーネス型を使用することになりました（**写真17**）。

●墜落防止用具

送電用鉄塔（鉄柱などを含む）の昇降時と腕金移動時における墜落を防止するために使用します。ハイセイフティ、ロリップ、水平移動ローラー、リス、移動ロープ、ハンドロープ、リングロープなどがあります（**写真18**）。

写真 16　導電性作業服着用による作業

写真 17　フルハーネス型安全帯着用

写真 18　墜落防止用具　(a) ハイセイフティ　(b) リス

❷ 標識用具

施設や設備の状態を標示し、作業者の注意を喚起あるいは接近することを禁止するためなどに用いて安全を確保する用具・装備です。

●接地旗

送電線路を停止して作業を行う場合、接地箇所を明確に表示し、作業者に停止した送電線路を明瞭に認識させ、誤認・錯覚や、接地つけ・外し忘れなどによる災害を未然に防止するものです（**写真19**）。

写真 19　接地旗

●タブレット

送電線路の停止作業の際、線路名ならびに作業する停止回線を確認するために使用し、錯覚・誤認などによる災害を防止します（**写真20**）。

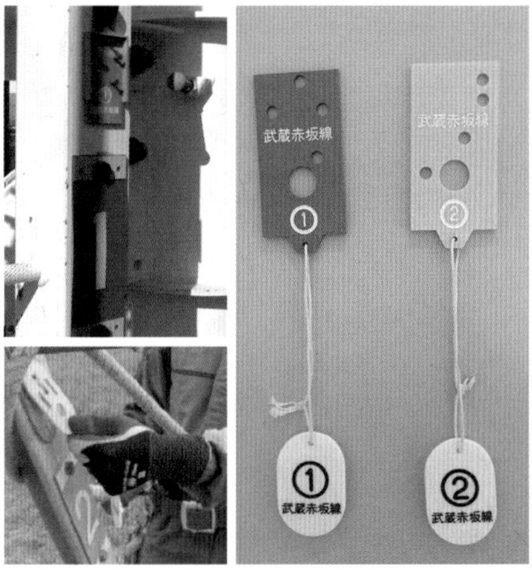

写真 20　タブレットによる停止回線の照合確認

●腕章

業務規律の確立を図り、任務を明確にすること、あるいは回線の誤認を防止するなど、作業中の安全を確保することを目的に使用します。作業責任者腕章、回線腕章などがあります（**写真21**）。

写真 21　腕章による停止回線の照合確認

送電線保守技術・技能の訓練

東京電力パワーグリッドでは、架空送電部門の全員が送電線を守るために必要な知識と技能を高いレベルで習得するため、社内の総合研修センター（**写真22**）内に設けた訓練用鉄塔を使用して、送電線保守に関する技術技能の向上に努めています。

新人の教育時は、高所作業を安全かつ確実に覚えるため、鉄塔の昇降塔と鉄塔上での移動時の基本動作、および安全装備品や工具の使用方法について徹底的に学びます。訓練期間中は「安全宣言」と「落下防止宣言」を毎日唱和し、安全の根幹となる心得を自らの意識に刻み込み、所定の訓練を終え各現場に配属されます（**写真23**）。

写真 22　総合研修センター訓練設備

写真 23　訓練の様子　(a) 朝礼　(b) 検電　(c) 接地着脱　(d) 塔上作業

【宣言・心得】

高所で安全に作業するためには、作業前に作業の目的、内容、方法、手順、安全対策、施工上の注意事項を十分に理解、確認し、作業に適した安全装備品、工具の点検を実施し、完全なものを準備することが必要です。

作業現場でTBM－KY（ツールボックスミーティング・危険予知）を行い、作業責任者からの説明のもと、作業の目的、内容を理解するとともに、方法、手順、分担などについて十分打ち合わせて、納得がいかない場合は、聞きただすなどして、特に自分の分担、位置を理解、確認しておくことが重要です（自分の分担以外の作業についても理解しておきます）。

東京電力パワーグリッドでは、昇塔前に下記の「安全宣言」「落下防止宣言」を唱和し、安全の基本を自覚し、慣れた作業でも、心新たに取り組むようにしています。

［安全宣言］

1. 私は、昇降するときに、必ず昇降用具を使用します。
2. 私は、作業時や、移動するときに、必ずランヤードとワークポジショニング用ロー プを併用します。
3. 私は、安全用具を掛け替えるときに、必ずワークポジショニング用ロープを使用します。

［落下防止宣言］

1. 私は、資機材に落下防止を施します。
2. 私は、物を落下させた場合、必ずその場で申し出ます。
3. 私は、落下防止のための手間はおしまず作業します。

送電線周辺の動向管理

送電線に近接して築造される建造物に対しては、施工者と公衆安全の確保ならびに、電気事業法や消防法等の関係法令を遵守するため、的確に管理する必要があります。

また、送電線下における重機使用（**表1、図1、写真24**）や、樹木の接近・接触による電気事故を未然に防ぐため、重機使用者との安全打ち合わせ、レーザー計測（**写真25**）による周辺樹木の離隔距離把握・計画的な伐採を行います。

表1　東京電力パワーグリッドがお願いしている送電線と重機類との離隔距離

電圧（kV）	3.3	6.6	11	22	33	66	154	245 (±200)	275	500
離隔距離（m）	2		3			4	5	7	7	11

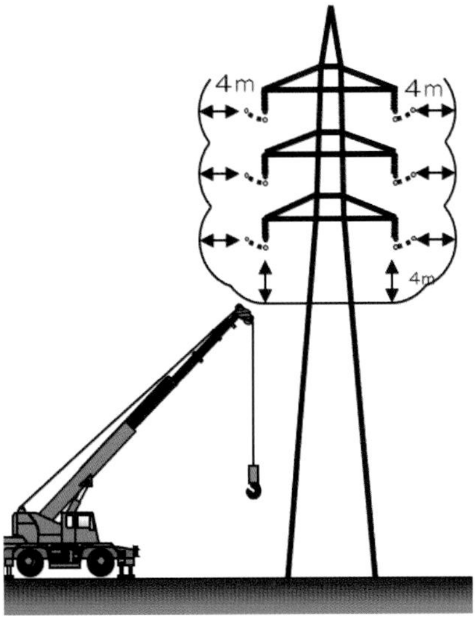

図１　重機類との離隔距離確保のイメージ
（66kV）

写真 24　重機を使用した建築工事　(a) のぼり旗・クレーン注意札　(b) クレーンを使用した建築工事
(c) 防護ゲート

写真 25　レーザー計測機搭載ヘリコプター

自然の驚異から守る

送電線は常に強風、大雨、大雪、地震など、自然の驚異にさらされていますが、中でも停電事故に至る頻度の高い、雷と鳥獣害（カラス、猿、蛇、熊など）に対しては、様々な対策を施し、設備を守っています。

落雷対策

送電線に雷が落ちると、照明などの明かりが一瞬暗くなるのは、落雷を受けた送電線を自動的に電力系統から切り離し、直ちに再送電して停電の影響を最小限にしているからです。切り離しにかかる時間は、わずか 0.1 ～ 2 秒程度とほんの一瞬ですが、技術の進展に伴って送電設備に様々な雷害対策（No.2 基礎知識を参照）を施してきたことで、雷の影響を昔に比べて大幅に減らすことが可能になりました。

【落雷位置の観測と標定】

東京電力パワーグリッドでは、落雷による設備損傷事故に備えて、関東圏を含むエリア内で発生する雷を観測するレーダーを配置し、落雷位置を標定して事故時の迅速な対応を可能にしています。落雷観測情報はインターネット上で一般公開され、リアルタイムに情報提供を行っています（図 2）。

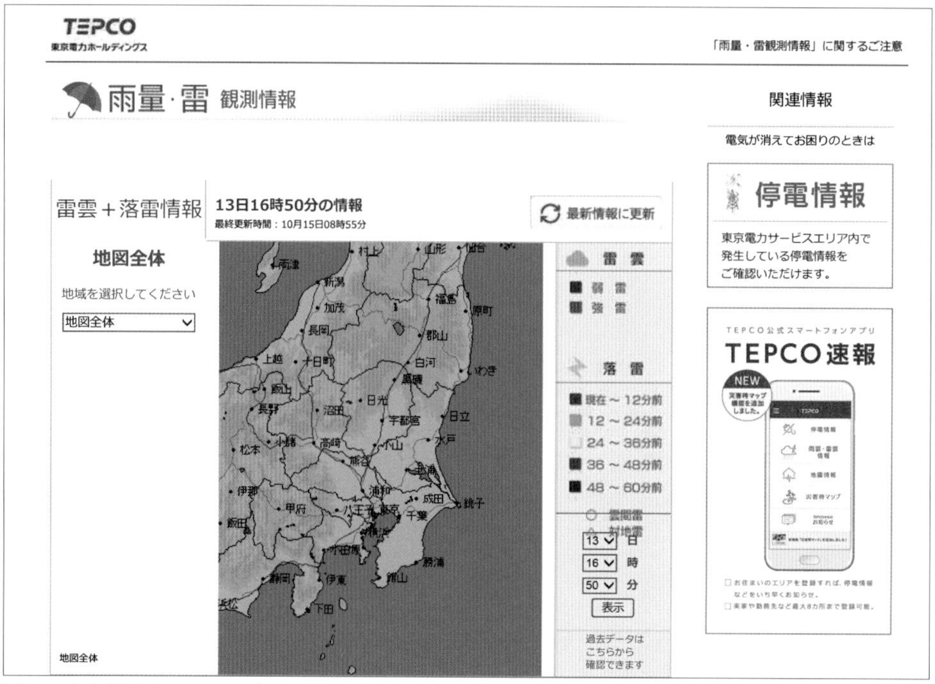

図 2　東京電力ホームページ 雷観測情報

鳥獣対策

カラスの繁殖期（3～5月）は、鉄塔への巣作り（営巣）が盛んになります。巣の材料は主に長尺のつる草ですが、鉄製のハンガーや針金などの金属物が含まれていることも多く、電線や碍子などの充電部に接触して停電事故を引き起こします。また、山間地では猿のほか、稀に熊などが鉄塔に昇って停電の原因となった事例もあります。危険な状態を発見した場合は、直ちに現地へ向かい営巣除去作業を実施するとともに営巣防止対策品を設置します。

カラスは高い学習能力があるので、視覚や聴覚に訴えて鉄塔に寄せつけない方法はあるものの、一時的な効果になってしまうことから、長期的に停電事故防止の効果を維持するために、次のような対策を標準としています。

❶ 充電部付近への接近、営巣を防止する方法

クローアウト（**写真26**）

写真 26　クローアウト

❷ 鳥類の保護と共存の観点から、停電事故が発生するおそれの少ない箇所へ営巣位置を誘導する方法

巣籠（巣囲い）（**写真27**）

❸ 絶縁材を使用して停電事故を阻止する方法

- ホーン被覆形鳥害防止具（**写真28**）
- 小ギャップホーン

その他の脅威（飛来物の付着対応）

台風や強い季節風、突風や竜巻などの強風により、送電線に飛来物が付着する場合があります（**写真29**）。近年は農事用シートの付着事例が多く、電気を通しやすい素材が含まれていると停電事故になる可能性があるため、有事の際は昼夜問わず迅速に対応し、状況に応じて送電線の電気を緊急停止して除去作業などにあたります。

写真 27　巣籠

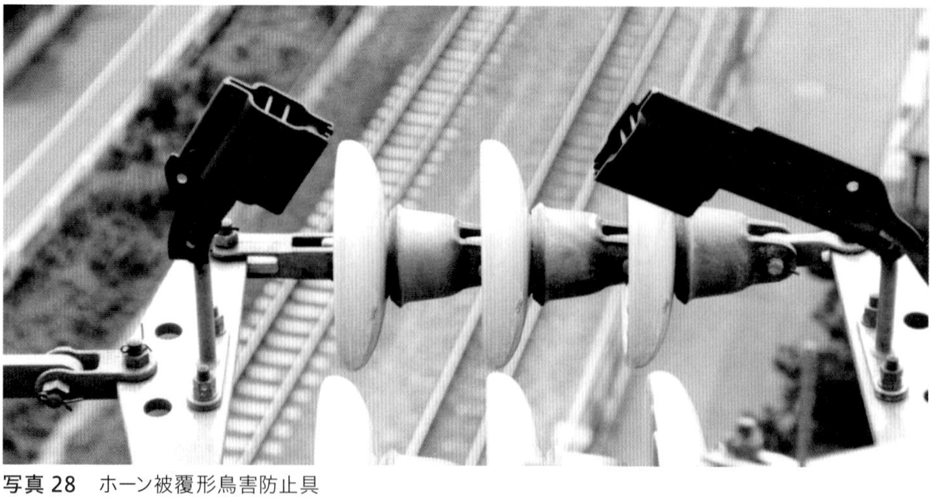

写真 28　ホーン被覆形鳥害防止具

写真 29　飛来物付着

設備診断

設備の健全性を精密に把握・管理し、適切な時期に改修を行うことを目的として、様々な診断を行っています。

写真 30　亜鉛めっき劣化診断

❶ 亜鉛めっき劣化診断（**写真30**）

鉄塔部材には、溶融亜鉛めっきによる防錆対策が施されていますが、経年により亜鉛めっきは減耗し、やがて鉄地の発錆に至ります。品質管理上、鉄地の発錆前に改修することが重要であるため、亜鉛めっきの劣化状況を膜厚計により定期的に測定・記録し、鉄塔の塗装時期を判断します。

- 亜鉛めっき厚測定
- 亜鉛めっき厚劣化速度測定
- 塩分測定

写真 31　塗装劣化診断

❷ 塗装劣化診断（**写真31**）

鉄塔塗装の劣化状態を的確に管理し、適正な時期に再塗装を行うことにより、鉄塔の錆による劣化を防止します（**写真32**）。また、航空標識（紅白鉄塔）としての視認性や、環境調和としての美観も考慮して塗装機能を維持します。

- 塗膜付着力試験
- 塩分測定

❸ 鋼管内部腐食診断（**写真33**）

鋼管鉄塔に生じる内部腐食は、外から見えず発見が困難であるため、部材を叩いた時の打撃音による確認や、内視鏡カメラを駆使して診断します。なお、内部の腐食が進行すると鋼管部材に穴あきを生じるおそれがあるので、腐食の程度によっては早期に部材を取り替えて対処します。

- 外観目視、打撃点検
- 内視鏡点検

写真 32　劣化防止　(a) 錆取り　(b) 塗装

写真 33　鋼管内部腐食診断　(a) 部材取替　(b)、(c) 打撃点検　(d)、(e) 内視鏡点検

❹ 圧縮形接続管発熱診断（写真34）

電線を圧縮して接続する圧縮引留クランプや直線スリーブなどの圧縮形接続管は、経年劣化などが原因で部分的に抵抗値が増加する場合があります。その接続部に大きな負荷電流が流れると異常発熱を発生させ、送電効率の低下や接続部の強度低下に至ることから、発熱部位や抵抗値の増加した接続管を速やかに発見・改修します。

- 熱画像測定（地上・塔上・ヘリコプター）、熱画像解析
- 低抵抗測定

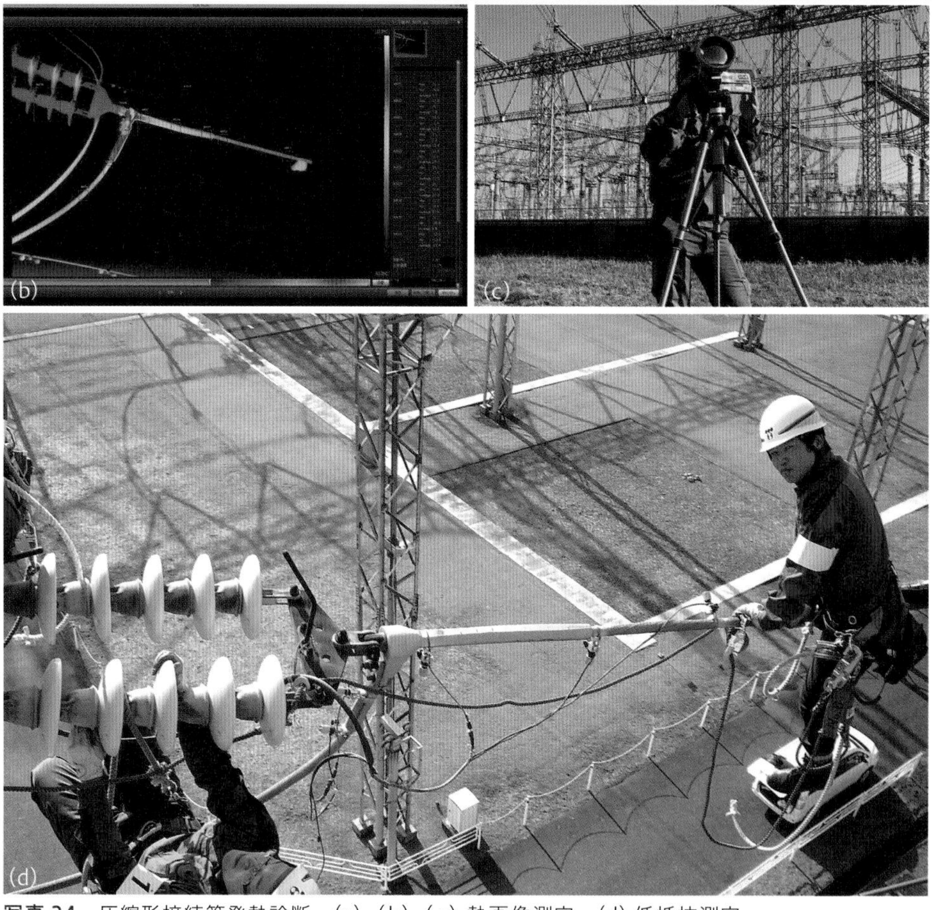

写真 34　圧縮形接続管発熱診断　(a)、(b)、(c) 熱画像測定　(d) 低抵抗測定

❺ 電線腐食診断（写真35）

建設時から数十年を経過して経年劣化が予想される箇所、もしくは腐食要因となる工場や産廃処理施設などからの煤煙の多い箇所や、塩分量の多い海岸近傍など、周辺環境の要因によって著しい腐食促進の生じるおそれがある場合は、個別の診断を行い電線の余寿命と改修要否を判断します。

- 設備サンプリング品の調査試験分析（電線一部抜き取り・撤去品）
- 腐食検出器による診断（渦流探傷法）

写真 35　腐食検出器診断　(a) 電線調査　(b) 自走式　(c) 牽引式

送電鉄塔を守る

No.6

もっと! 送電鉄塔

No.6 もっと！ 送電鉄塔

はみ出し情報

国産碍子VS海外碍子

現在、国内で使用されている碍子は、主に磁器碍子です。1899年、日本初の送電線である郡山絹糸紡績の沼上線に初めて使用された碍子は、アメリカのロック社製の磁器ピン碍子でした。

国産初のピン碍子は、日本ガイシの前身の日本陶器が製造し、1909年に箱根水力の塔之沢線で採用されました。その後、送電線が長距離、高電圧化される中で、電圧に応じて連結できる懸垂碍子がアメリカで開発され、1914年に猪苗代旧幹線で初採用されました。この時、採用した海外製の懸垂碍子は品質があまり良くなかったようで、代替として国産碍子が使用されるようになりました。この後、国産の磁器碍子が主流になっていきます。国内で良質な磁器材料が産出されたことも磁器碍子が発達した理由の1つです。

写真1　ガラス碍子

海外では、ガラス碍子や最近では複合碍子（有機碍子）が使用されていることも多いです。東京電力パワーグリッドでも一時ガラス碍子の使用を検討した時期があり、現在でも一部でガラス碍子を使用している線路があります（**写真1**）。最近では、その材質の特性を活かして複合（有機）碍子の使用も増えてきています（**写真2**）。碍子の材質により特徴の違いがあるため、設備実態や使用環境を考えると同時に、長期的な経済性も考慮し最適なものが選択されてきています。

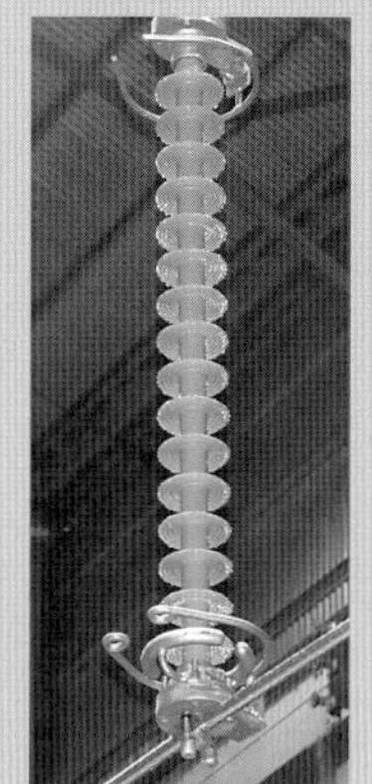

写真2
154kV 複合碍子

東と西では、電線も違う

No. 1送電鉄塔はじめて物語（コラム）で、日本の東西で周波数の違いがある（**図1**）理由をお話ししましたが、東西の違いは、周波数だけでなく電線でもあります。

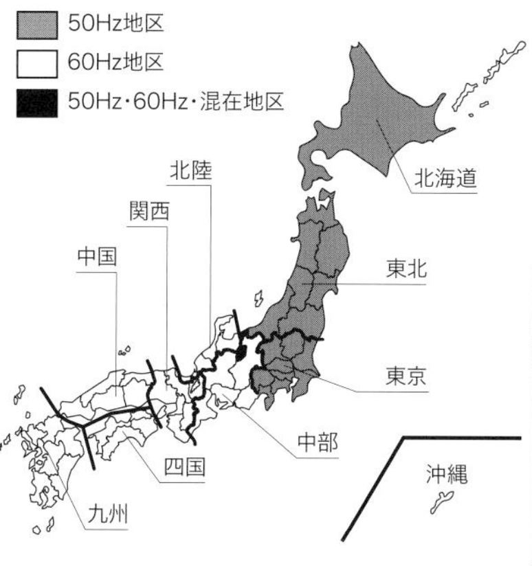

図1　東西の周波数の違い

明治時代初期の送電線の電線は銅線が主に使用されていましたが、西日本ではBSG（Brown and Sharpe's Gauge）、別名AWG（American Wire Gauge）、東日本ではSWG（British Standard Wire Gauge）に基づいた電線が主に使用されていました。西日本はアメリカ、東日本はヨーロッパという点は発電機（周波数）と同じですね。

現在、広く使われているアルミ系電線のACSR（鋼心アルミより線）は、1908年にアメリカのナイアガラの滝横断箇所の長径間箇所に適用されたのが最初と言われています。

日本では、1920年に古河電気工業がイギリスのアルミニウム会社と提携し、製造を開始しました。ACSRは、鋼心より線の周りに、アルミ素線を2層、3層より込んだ構造をしています。この「より」の方向については、国内の電線は「右より（Sより）」が主ですが、ACSR810以上の電線の最外層のより方向は、関西では「左より（Zより）」、東京は「右より（Sより）」となっています（**図2**）。その経緯は、諸説あります。

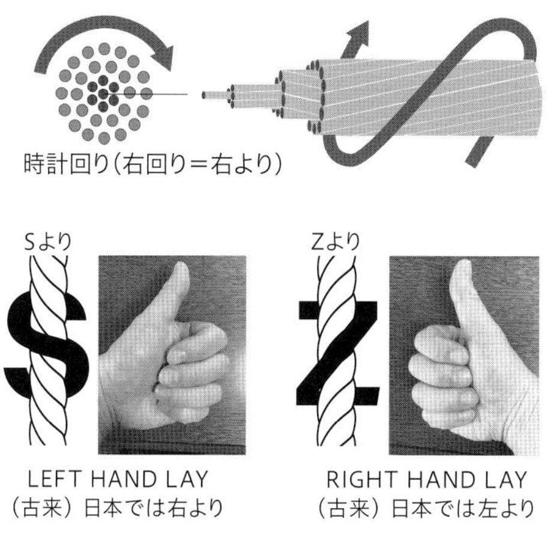

図2　アルミ系電線の「より」の方向

鉄塔の間隔はどうやって決める？

鉄塔と鉄塔間に見える電線は、きれいなたるみ（弛度《ちど》）を持った放物線のような形になっています。電線は細く見えますが、アルミと鉄でできているため、それなりの重さがあります。このため、物理的に鉄塔と鉄塔の間（径間）をピーンと一直線に電線を張ることはできません。つまり、たるみが生じます（**図3(a)**）。

送電線に使用されている電線は裸電線なので、地上から規定の距離（高さ）を離す必要があります。鉄塔を高くすればするほど、鉄塔にかかる費用が高くなるので、できるだけコンパクトな形状で規定を満たすことが合理的です。

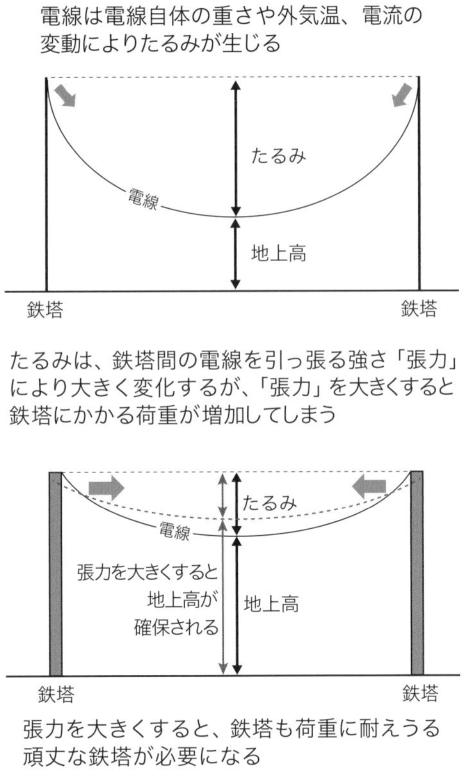

図3 (a)

数字で見る送電鉄塔

15万 km

東京電力パワーグリッドの全ての送電線をつなげると約15万 kmにもなり、地球約4周分の電線に相当します。ただし、電気は1秒間に地球を7周半もするので、電気の旅としては、約0.5秒で終わってしまいます。

149 m

東京電力パワーグリッドで最も高い鉄塔は、ＵＨＶ設計の500 kＶ南いわき幹線No.184鉄塔です（**写真3**）。栃木県大田原市に存在し、1997年6月に建設されました。この高さは東京タワー展望台（150 m）とほぼ同じです。

写真3

また、電線を強く張れば弛度は少なくなりますが、その分、鉄塔に働く力が大きくなり、鉄塔を頑強（重く）にする必要があり、やはり費用は高くなります。径間を短くすれば、弛度を抑えることができますが、鉄塔の基数を増やすことになり、これも費用が高くなります。

これ以外にも、鉄塔の用地などを考慮しながら最も費用が少なくなる合理的な設計になるように送電線は設計されています。地域事情や電圧にもよりますが、だいたい 300 ～ 400 m くらいが合理的な距離とされています（図3 **(b)**）。

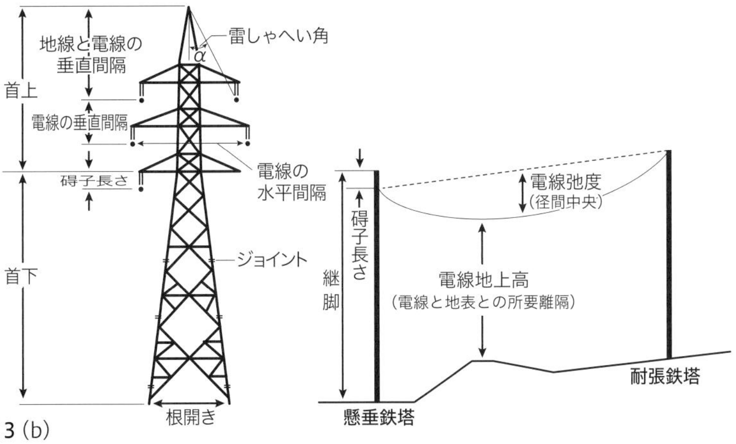

図 3（b）

107歳

最も長寿の鉄塔は、1914（大正3）年7月に建設された、猪苗代第一水力発電所から田端変電所までを結ぶ（当時）猪苗代旧幹線です（**写真4**）。

写真 4

150万 t

東京電力パワーグリッドにある全鉄塔の総重量は、約 150 万 t（約 45,000 基）。東京タワー（約 4,000t）約 375 基分になります。

鉄塔カードの楽しみ方

QRコードから下くぐり体験も！

多くの電力会社で、鉄塔の写真と設備概要を記載した「鉄塔カード」を展開しています。カードの仕様は電力会社で統一しているので、コレクション性もあり、手に取った瞬間からその魅力に引き込まれます。

東京電力パワーグリッドでは、2019年から架空送電線工事における基礎工や架線電工、組立工のリクルート活動支援等を目的として不定期で作成しています（**写真5**）。カード裏面の鉄塔プロフィールには、設備に関するエピソードとともに、私たちの想いも込めており、鉄塔のことをより深く知ることができます。また、QRコード（位置情報）が入っているので、Googleマップのストリートビューで、色々な方向から鉄塔を詳しく見ることができます。道路跨ぎの「生品線No.19」（写真5(a)）は、下くぐりの疑似体験ができます。

QRコードを
読みこんでみて〜

オモテ

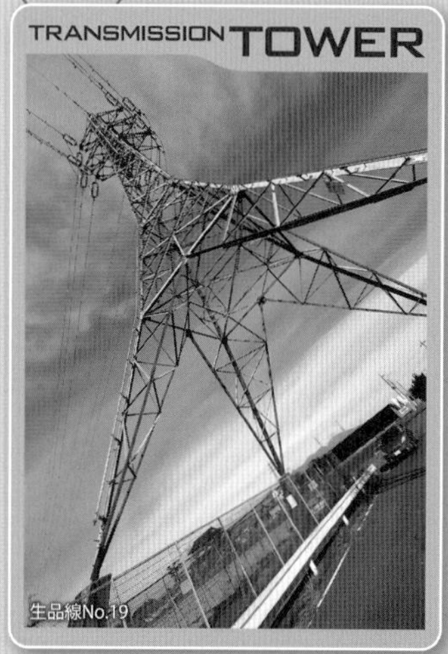

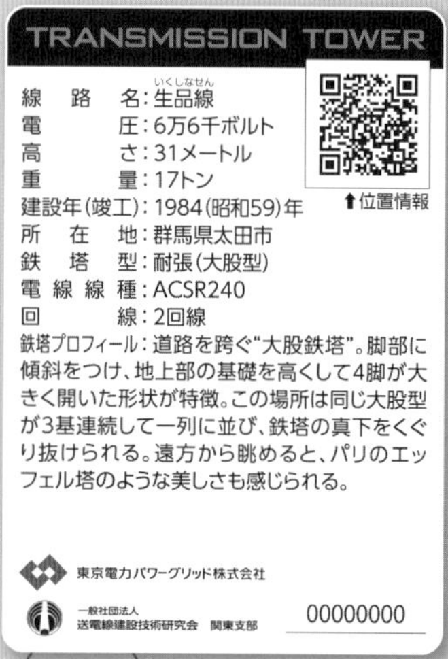

TRANSMISSION TOWER

線　路　名：生品線《いくしなせん》
電　　　圧：6万6千ボルト
高　　　さ：31メートル
重　　　量：17トン
建設年(竣工)：1984(昭和59)年
所　在　地：群馬県太田市
鉄　塔　型：耐張(大股型)
電 線 線 種：ACSR240
回　　　線：2回線
⬆位置情報

鉄塔プロフィール：道路を跨ぐ"大股鉄塔"。脚部に傾斜をつけ、地上部の基礎を高くして4脚が大きく開いた形状が特徴。この場所は同じ大股型が3基連続して一列に並び、鉄塔の真下をくぐり抜けられる。遠方から眺めると、パリのエッフェル塔のような美しさも感じられる。

東京電力パワーグリッド株式会社
一般社団法人
送電線建設技術研究会　関東支部
00000000

ウラ

写真5　(a) 生品線No.19

写真 5　(b) 2021 年 5 月発行の茨城版 鉄塔カード

現場用語集

注 呼称は会社によって異なる場合があります。また、由来は諸説あります。

あか | 停止、危険のための停止

いってこい | 物の上げ下げ等において、ロープやワイヤーなど滑車を通じて荷重を配分し使用する方法。「ループ」ともいう

おじぎ | 鉄塔の塔体の上部が傾く (中折れ) 状態になること

オフセット | 垂直に配列された電線の各線相互の水平距離のこと

介錯《かいしゃく》ロープ | 支持物上部作業で資材・工具等の上げ下ろしをする際、資材・工具等をスムーズに往復させるためのロープのこと。介錯=世話をする

角《かく》アーム | 角形腕金 (アーム)

笠《かさ》 | 長幹碍子の陶器の笠の部分のこと

かま | 1) 電線を把持するための架線工具
come along : 一緒に来るの略
2) 電線圧縮接続器の油圧ヘッド

カラビナ | 開閉できる部品が付いた金属リングで工具を下げるための器具

かりあげ | 電線を延線した際に電線を仮に張り上げること

かんざし | 腕金主材。鉄塔の腕金が付いていない形状が、日本髪に着けるかんざしに似ていることから

切梁《きりばり》 | 基礎工事で土止めを施工した時、土が崩れないように土圧に抗するため、矢板等を支える水平部材

キンク | ワイヤーの緩みの多い所で発生した電線のねじれ
kink : もつれ、ねじれ、よじれ

金車《きんしゃ》 | 延線工事の際に使う金属製の滑車

口開《くちあ》け | 基礎の掘削 (穴掘り) 開始すること
穴=口

首上《くびうえ》／首下《くびした》 | 鉄塔の屈曲部 (一番低い電線の腕金付近で傾斜が変化する部位) より上部／屈曲部より下部

ぐり | 栗石。基礎に敷きつめる玉石

ぐるぐる回《まわ》り | 鉄塔組立図の注釈（正面・左側面・背面・右側面をどの面も共通して製作）

ケイトラ | Kトラス。鉄塔の構造骨組の一種で、K形の結構

化粧《けしょう》 | 基礎コンクリートの天端を化粧のように綺麗に整えること（鉄塔の最上部の面になっている部分）

ゴーヘイ | ウィンチ巻き開始の合図。「Go！Hey！」が語源？

コッター | コッターピンの略。碍子や工具に使われている止めピン

殺《ころ》す | ワイヤーの端などを動かないようにして止めること

転《ころ》び | 鉄塔主柱材（太い４本脚）の傾斜角度

コンター | 等高線

コンパス | 送電線路の踏査等に用いる測量器械

サス | サスペン。懸垂型碍子装置
suspend : 吊す、懸ける

ジェック | JEC (Japanese Electrotechnical Committee) : 電気学会 電気規格調査会 標準規格

しがら工《こう》 | 杭を並べて打ち、竹や木を横編みして土砂を止めること。 柵《しがらみ》が語源

地切《じぎり》 | クレーンの巻上操作によって、吊り荷を地面から離すこと

支持棒《しじぼう》 | 基礎脚材据え付けの際、脚材を支えて固定する材料。基礎脚材以外の部分でも支持棒として角材、丸太も使用している

尻手《しって》 | ワイヤーロープの引端

しまだ | 架空地線耐張型のジャンパの形状。静岡県島田の芸者の髪型から

シメラー | ワイヤーやロープを引っ張る(締める)工具。「シメラー」は商品名

シャコ | シャックル。滑車と鋼索との連結具

鋤簾《じょれん》 | 長い柄の先に鉄板製の歯を取り付けた、土砂を掻き寄せる道具

筋交《すじか》い | 基礎工事の際に、柱と柱の間に斜めに入れて構造を補強する部材

スズラン | 鈴蘭の花の付き方を模した装柱

ステージ | 盤台、床、作業用足場

ステラット | ステーラットの略。支線支柱

ストラップ | 工具を取り付けるための金具

ストレン | 耐張型碍子装置
strain：引っ張る

スパイラル | スパイラルロッドの略。電線の風音防止のため電線に巻き付ける螺旋形の棒

スラー／スロー | ウインチのワイヤー等を「ゆっくり操作して」の掛け声。 音楽用語では「徐々に」

セミ | 滑車。牽引用具

そっぽ | 鉄塔の塔体の据付けが、正対ではなく別方向を向いていること

ソンモウ | 二又棒。柱の建て起こしの際に補助で支える長い棒

ダイス | 電線圧縮接続器の油圧圧縮ヘッド部で電線接続管を圧縮成形する金型

タイダン | タイダウン。 懸垂型碍子装置で引っ掛けて支持すること

タコ | ランマー／ラム。地面等を突き固める道具。持つ所が数本あり、タコの足に似ている

タコ結《むす》び | ロープの結び方。電線をタコの足が絡むようにして綾にする

ダッタムシ | 無限軌道車。不整地での移動を目的に工具・資材運搬機や架線機に用いられる。毛虫やイモ虫のように見えることから

ダンパ | ダブルトーショナル・ダンパの略。制動子、振動を止めるもの

弛度《ちど》 | 電線を架設した際のたるみ量
sag：たるみ

チャック | 電線掌握工具

ちょい捲《ま》き | ロープやワイヤーを少しだけ捲くこと

提灯《ちょうちん》 | ジャンパを支持するために下げる碍子。 碍子が下がった状態が提灯に似ていることから

チョンキレ | ロープやワイヤー等を仮止めすること。「チョン」は少しだけ、簡単等の意味

突出《つきだ》し | 防護足場から張り出すこと。単管パイプや丸太など

デップ | ディップの略
dip：電線の弛度

テレスコ | 基礎の深層基礎穴用の掘削機械。tele（遠)と scoop (すくい・シャベル・スコップ)の合成語？

てんば | 天端。基礎・部材等の上側端

てんびん｜送電線を支持する場合に、両側のバランスをとること

ドグロス／ドングロス｜鉄塔等にウィンチを据える時に枕に使う麻袋
dungaree：安価な作業着

飛《と》ばす｜鉄塔と鉄塔の間を1基抜いて長径間にすること

トビキン｜飛び金車。荷上げや電線の緊線の際に、引く方向を変える金車

トラス｜鉄塔等の構造物の結構・結界。組み立てて1つのものをつくること

とらづな｜支線。トラップ：捕捉する、虎＝強い、安定感が語源？

トラマーク｜危険区域の標示として黄色と黒色で斜めに塗り分けした注意喚起。虎模様

とる｜支線や接地等を取り付けること
※「取り付ける」、「取り外す」という言い方は、間違いやすいので禁句

ドンドロ｜水平支線。支線柱に水平に受けてから支線を設けること。道：ロード → ドロー → ドンドロに変化？

トンボ｜測量の際、仮に付けておく目印。蜻蛉のような形状をしている

ナス環《かん》｜安全帯のロープの外れ防止付き握りフック

人形《にんぎょう》｜人形継柱。電柱の継柱様式のこと。人の形に似ていることから

ネコ｜1）アングルに穴を空けた小さな部材で、部材を直接取り付けられない場合に使用する
2）手押しの一輪車

ののじ｜緊線等において滑車2個を使用し、の字形にロープやワイヤーをかけて設置すること

バイキ｜戻す、緩めること

馬鹿棒《ばかぼう》｜物にあてて長さを測る用具。誰が測定しても同寸法に仕上げることができる

バタ｜端材（端に使う材）

ハチマキ｜杭打ち工事等において、杭頭部に施された補強用鋼材

ハチマキコン｜鉢巻コンクリートの略。ライナープレート地際部土留のため施すコンクリート工のこと

ハッカー｜鉄筋の結束工具
hug：抱き込み、押さえるが語源？

腹起《はらおこ》し｜土止めの部材

バリ落《お》とし｜スリーブ等を圧縮後にはみ出た部分を削り取ること

半《はん》読《よ》み｜スタジア測量の一方法。箱尺を視準して視距離間の挟長を求め、水平と高低差を計算により求める測量

ピース｜ピース材。アングルのフランジを背同士で合わせる短材のこと

ヒーボー｜レバー・ブロックの類。荷物を吊り上げたり締め付けたりするための道具。関西方面で使われている

火《ひ》打《う》ち｜土止めの部材

ヒゲ｜脚材据付支材

引《ひ》っ張《ぱ》ってげ｜「車（乗用車をはじめ全ての車）を運転して行け」の意味。かつて荷車を引いていたことから

屏風《びょうぶ》｜屏風型架線工事用の足場。「障子足場《しょうじあしば》」ともいう

蓋《ふた》｜電線圧縮接続器の油圧圧縮ヘッドのねじ部

現場用語集

ぶっだ／ぶったぐり｜セミ金車組み合わせによる張力配分を行わずに直接引くこと

ふんどし｜1）電線を懸垂型碍子から離す際に、腕金から、ふんどしのようにワイヤーを回し、電線落下に対して二重防護するもの
2）閃絡標示器が動作した時、中から出る布。赤い帯状で、赤ふんが外れた状態に似ていることから

ヘア｜スタジアヘアの略。トランシット(測量器具)の視距線（スタジア）の十字ヘア、上ヘア、下ヘアのこと。馬の尻尾の毛でできていたことから

ヘソ｜圧縮クランプ等の充填剤を入れて蓋をするねじ

ぼうず｜1）坊主(重くて大事なもの)。電線圧縮接続器の油圧圧縮ヘッド
2)棒ズ。1本柱起重機。「棒」が訛った？

前々《まえまえ》｜基礎材据付の際の正面および側面の向き

回《まわ》せ｜Uターンの合図。車を回して戻ってくる。ハンドルを回すこと

耳《みみ》きり｜山形鋼の部材端が部材やボルトにあたる場合に端を切ること

メイタ｜目板。平板、穴の開いた板のこと

メータ｜金具取付用プレート（架渉線引留プレート)、緊線プレート。メタル(金属板)が語源？

メガネ｜1）片口メガネレンチ。ボルトナットの締め付けに使う手工具
2）トランシット

目《め》潰《つぶ》し｜栗石の隙間に詰めて均一にする砂

や｜カムアロング用楔。架線工具。カムアロングは楔を矢のように打ち込むことから

ヤットコ｜杭打工事で杭頭を土中に打ち込む鉄製補助具

ヤマ｜土砂崩れ。滑りが発生している状態のこと

遣《や》り方《かた》｜基礎施工図に基づき、現地に施工基準の杭等を設置すること

槍《やり》出《だ》し｜防護足場から角を出すこと。 突出ているのが槍のようなことから

U《ユー》クレ｜U字型のクレビスの略。二又の両端に穴を空けて、ピンやボルトを通すようにした継手

弓《ゆみ》｜ 1)弓支線。マーチンゲール支線
2)金切り鋸の歯を取り付ける取っ手ハンドルが付いたもの

ラーメン｜ラーメン構造(剛節架構)。ドイツ語で「額縁、枠」の意味

ラフタ｜ラフタクレーン（自走式クレーン）

ラム｜ディーゼルハンマ杭打機の槌の部分

ランマー｜ 撞槌《どうつい》
rammer：突き固めるもの

リス｜エスコートレール（墜落防止装置)に使用する安全器

リュウベ｜メートル法の体積単位：m^3(立方メートル)が変化したもの(訛り)

れっこ｜ 零行《れいこう》。全部元に戻すこと。ワイヤーなどを完全に緩めること

ワイヤー結《むす》び｜ロープやワイヤー等の結び方の一種。外れにくく解きやすい。「もやい結び」ともいう

送電鉄塔より愛をこめて

送電鉄塔ガイドブック

2021 年 11 月 16 日　　第 1 版第 1 刷発行
2023 年 1 月 10 日　　第 1 版第 7 刷発行

著　者　送電鉄塔研究会
発行者　村上和夫
発行所　株式会社 オーム社
　　　　郵便番号　101-8460
　　　　東京都千代田区神田錦町 3-1
　　　　電話　03(3233)0641(代表)
　　　　URL　https://www.ohmsha.co.jp/

組版　オンデマンド　　印刷・製本　三美印刷
ISBN978-4-274-22792-9　Printed in Japan